Niermeyer/Postall
Führen

Bibliographische Information Der Deutschen Bibliothek

Die Deutsche Bibliothek verzeichnet diese Publikation in der Deutschen Nationalbibliographie; detaillierte bibliographische Daten sind im Internet über http://dnb.ddb.de abrufbar.

ISBN 978-3-448-08577-8 Bestell-Nr. E00103

2. Auflage 2008

Niederlassung München
Redaktionsanschrift: Postfach, 82142 Planegg
Hausanschrift: Fraunhoferstraße 5, 82152 Planegg
Telefon: (089) 895 17-0,
Telefax: (089) 895 17-290
www.haufe.de
online@haufe.de
Lektorat: Ulrich Leinz

Redaktion und Desktop-Publishing: Cordula Natusch, 22083 Hamburg
Umschlag: Grafikhaus, 80469 München
Druck: freiburger graphische betriebe, 79108 Freiburg

Zur Herstellung dieses Buches wurde alterungsbeständiges Papier verwendet.

Führen

Die erfolgreichsten Instrumente und Techniken

Rainer Niermeyer
Nadia Postall

Haufe Mediengruppe
Freiburg · Berlin · München

Inhaltsverzeichnis

Schnelleinstieg – Was Ihnen dieses Buch bietet

Die Aufgaben einer Führungskraft haben sich im Laufe der Jahre gewandelt. Auch die Anforderungen an Führungskräfte sind in den letzten Jahrzehnten deutlich gestiegen. Nicht nur die Märkte, die Schnelligkeit des Wandels, die zunehmende Globalisierung, sondern auch die Ansprüche der Mitarbeiter haben sich verändert. Gleichzeitig ist der Erfolg eines Unternehmens zu einem Großteil vom Management und von deren Führung abhängig. Wie Sie als Führungskraft diese Aufgaben und die damit verbundene Verantwortung erfolgreich bewältigen können, erläutert dieses Buch.

Die sechs wichtigsten Kompetenzen einer Führungskraft

Andere immer wieder von Neuem für Aufgaben begeistern zu können und sie konsequent zu vereinbarten Zielen zu führen, erfordert eine ganze Reihe an Kompetenzen. Einfühlungsvermögen, um die Beweggründe anderer zu verstehen, ist ebenso notwendig wie die Fähigkeit, Situationen gründlich zu analysieren und strategisch zu durchdenken. So gelingt es guten Führungskräften einerseits, die individuell richtigen Argumente für einen einzelnen Arbeitnehmer zu finden, andererseits aber auch, das übergreifende Ziel nicht aus den Augen zu verlieren. Auch Überzeugungskraft und die Kommunikationsfähigkeit sind Erfolgsfaktoren, gilt es doch, die Mitarbeiter von Zielen und Unternehmensstrategien zu überzeugen. Die Entscheidungskompetenz zeichnet sich dadurch aus, Beschlüsse auf einer ausreichenden Informationsbasis und in einer angemessenen Zeit zu fällen. Dies stellt insbesondere in einer Zeit des schnellen Wandels eine wichtige Schlüsselkompetenz in Unternehmen dar. Durchsetzungsvermögen und Konfliktfähigkeit benötigt die Führungskraft, um die getroffenen Entscheidungen auch in schwierigen

Situationen in die Realität umzusetzen. Die Zielorientierung dient dem Vorgesetzten dazu, Mitarbeitern den Erfolgsweg aufzuzeigen und gemeinsam mit ihnen auf ein gemeinsames Ziel hinzuarbeiten.. Lesen Sie, warum diese Kompetenzen im Einzelnen wichtig sind und wie sie sich darstellen.

1. Übernehmen Sie Führungsverantwortung

Wer erstmals eine Führungsposition übernimmt, steht vor einer Menge Fragen. Welcher Führungsstil führt unter welchen Umständen zum Erfolg? Wie lassen sich Mitarbeiter angesichts ihrer unterschiedlichen Ausbildung und Motivation einschätzen? Was erwarten Arbeitnehmer von einem modernen Vorgesetzten? Als geeigneten Führungsstil stellen wir Ihnen die situative Führung vor. Sie erfahren, dass je nach Erfahrung des Mitarbeiters unterschiedliche Anforderungen an Ihre Art zu führen gestellt werden und wie Sie mit diesem Fakt in der Praxis am besten umgehen. In jedem Fall benötigen Sie für Ihre Führungsaufgaben Ihre emotionale Intelligenz. Wir zeigen Ihnen, aus welchen Komponenten diese besteht und wie Sie sie im Berufsalltag erfolgreich einsetzen können. Kompetenztests runden diesen Abschnitt ab.

2. Binden Sie Ihre Mitarbeiter ein

Als eine der wichtigsten Aufgaben einer Führungskraft gilt die Motivation der Mitarbeiter. Dabei ist es genau genommen gar nicht möglich, einen Menschen zu motivieren – Motivation entspringt immer dem Inneren einer einzelnen Person. Der Vorgesetzte hat aber für ein Umfeld zu sorgen, das es dem Mitarbeiter ermöglicht, motiviert zu arbeiten. Dazu muss er sich fragen, was den Einzelnen antreibt und welche Möglichkeiten bestehen, um die grundsätzlich im Menschen vorhandene Motivation in die Aufgaben am Arbeitsplatz lenken zu können. Kaum ein Unternehmen arbeitet heute noch ohne Teams. Deren Zusammenstellung und Leitung übernimmt oftmals – zumindest in der Anfangsphase, bis der Teamleiter feststeht – die Führungskraft. Worauf es dabei ankommt, zeigen wir Ihnen im Abschnitt 2.2. Auch die wichtigsten Teambuildingphasen

stellen wir vor und zeigen, wie Sie mit Schwierigkeiten an diesen Stellen umgehen können.
Ein wichtiges Instrument für die Führungsarbeit sind Meetings. Oft werden diese aber als uneffizient und überflüssig empfunden. Wir geben Ihnen Tipps, wie Sie die Versammlungen zielgerichtet zum Erfolg führen können. In diesem Kapitel stellen wir Ihnen Kompetenztests zu den drei Säulen der Motivation „Wollen, Können, Dürfen“ und zu den Teambuildingmaßnahmen sowie verschiedene Checklisten zur Meetingvorbereitung zur Verfügung.

3. Wie Sie Mitarbeiter beurteilen, fördern und binden

Das Bewusstsein, dass der Mitarbeiter und sein Wissen einen wesentlichen Erfolgsfaktor im Wettbewerb darstellen, wächst in den Unternehmen. Damit werden die Beurteilung, die Entwicklung und die Bindung der Mitarbeiter an das Unternehmen immer wichtiger. Basis für die Zusammenarbeit zwischen Führungskraft und Mitarbeiter ist das Mitarbeitergespräch. Lesen Sie, welche unterschiedlichen Arten von Mitarbeitergesprächen es gibt, wie Sie ein solches Gespräch führen und auch schwierige Gesprächssituationen gekonnt meistern. Ebenso wichtig sind Mitarbeiterbeurteilungen, denn sie stellen die Grundlage dar für eine gezielte Förderung und Weiterentwicklung der Mitarbeiter. Viele Führungskräfte scheuen Beurteilungssituationen. Oft wissen sie nicht, worauf sie bei der Bewertung achten sollen, welche Kriterien und Maßstäbe der Einschätzung zugrunde liegen sollen. Wir zeigen Ihnen Schritt für Schritt, wie Sie ein Anforderungsprofil erstellen, welche Instrumente Ihnen für die Einschätzungen zur Verfügung stehen und wie Sie typische Beurteilungsfehler vermeiden können. Kompetenztests u. a. zum Thema Beurteilungsfehler helfen Ihnen, sich selbst einzuschätzen und weiterzuentwickeln. Die Beurteilungen sind die Basis für gezielte Personalentwicklungsprogramme. Wenn der Weiterbildungsbedarf erst einmal festgestellt wurde, stellt sich die Frage, wie er gedeckt werden kann. Dieses Kapitel zeigt die verschiedenen Möglichkeiten der Personalentwicklung auf und stellt zudem als besondere Formen das Coaching, das Mentoring sowie Laufbahnmodelle vor.

Wenn die Mitarbeiter erst einmal ausgewählt und gut ausgebildet sind, hat das Unternehmen verständlicherweise ein großes Interesse daran, sie nicht gleich an den nächsten Konkurrenten zu verlieren. Zu diesem Zweck richten immer mehr Organisationen sogenannte Retention-Programme ein. Das bedeutet, dass sie Maßnahmen unternehmen, die den Mitarbeiter an das Unternehmen binden sollen. Doch zunächst beschäftigen wir uns mit der Frage, warum Arbeitnehmer den Job wechseln und an welchen Stellen Unternehmen und Führungskraft ansetzen zu können, um diesen Wechsel zu verhindern. Ein Kompetenztest hilft Ihnen dabei, eigene Handlungsfelder für die Mitarbeiterbindung zu identifizieren.

4. Verantwortung übertragen und mit Zielen führen

Richtiges Delegieren bringt der Führungskraft gleich mehrere Vorteile: Sie selbst wird entlastet, gleichzeitig hilft die Aufgabenübertragung dem Mitarbeiter, sich und seine Kompetenzen weiterzuentwickeln und Verantwortung zu übernehmen. Dennoch greifen viele Vorgesetzte nur ungern zu diesem Mittel, weil sie befürchten, dass die Mitarbeiter übertragene Aufgaben nur unzureichend erfüllen. Lesen Sie in diesem Kapitel, warum solche Sorgen in der Regel unbegründet sind und wie Sie in wenigen Schritten eine erfolgreiche Delegation vornehmen können. Diese reichen vom Definieren der Aufgabe bis zur Vereinbarung von Controllingschritten. Kompetenztest unterstützen Sie dabei, dieses Wissen in die Praxis zu übertragen. Im Anschluss stellen wir Ihnen die Balanced Scorecard vor, die viele Unternehmen einsetzen, um aus der Unternehmensstrategie Ziele und konkrete Maßnahmen abzuleiten sowie Messkriterien für den Erfolg zu definieren. Aus den Unternehmenszielen ergeben sich letztlich die Ziele für einen jeden Mitarbeiter. Die Führungskraft hat die Aufgabe, ihm diese Ziele und den größeren Zusammenhang zu erläutern und ihn für deren Erreichung zu gewinnen. Hierfür hat sich in den meisten Unternehmen das Zielvereinbarungsgespräch etabliert. Wir zeigen Ihnen, wie Sie dieses Instrument richtig einsetzen und wie Sie zu motivierenden und sinnvollen Zielen gelangen. Auch für diesen Abschnitt haben wir Kompetenztests vorbereitet.

Die fünf wichtigsten Kompetenzen einer Führungskraft

Welche Fertigkeiten, welches Wissen und welche Erfahrung muss eine Führungskraft heutzutage mitbringen, um erfolgreich zu sein? Diese Frage lässt sich nicht abschließend beantworten. So sind die fachlichen Anforderungen stark vom jeweiligen Berufsbild und vom Arbeitsplatz abhängig und fallen sehr unterschiedlich aus. Unternehmen prüfen noch immer als erstes den persönlichen Lebenslauf, um festzustellen, ob der Bewerber diese Voraussetzungen erfüllt. Zeugnisse geben immerhin Hinweise darauf,

Zeugnisse geben nur bedingt Auskunft über Qualifikation

- ob der Kandidat über bestimmtes fachliches Wissen verfügt, z. B. über eine Ausbildung oder den Universitätsabschluss,
- ob er spezifische Fertigkeiten besitzt, z. B. den Umgang mit Fremdsprachen oder verschiedenen Anwenderprogrammen,
- welche Erfahrungen er gesammelt hat, also wo und wie lange er schon in welchen Positionen gearbeitet hat.

Wenig aussagekräftig sind Zeugnisse und Lebenslauf dagegen meist, wenn es um wichtige allgemeine Managementkompetenzen geht, die der Bewerber als Führungskraft zusätzlich braucht. Die besten fachlichen Qualifikationen und Erfahrungen nützen ihm nichts, wenn es ihm an den persönlichen Kompetenzen mangelt, um seine Fähigkeiten optimal einzusetzen und seine Mitarbeiter führen zu können.

Kienbaum Expertentipp: Soft Skills werden unterschätzt

In der Regel werden die fachlichen Fähigkeiten, die eine Führungskraft besitzen sollte, überschätzt und die persönlichen Kompetenzen unterschätzt.

Eine gute Führungskraft verfügt vor allem über folgende Kompetenzen:

- Zielorientierung,
- Einfühlungsvermögen,
- Entscheidungskompetenz,
- Überzeugungskraft und Kommunikationsfähigkeit,
- Durchsetzungsvermögen und Konfliktfähigkeit.

Soft Skills lassen sich trainieren

Diese sogenannten Soft Skills, die „weichen Fähigkeiten", sind – wie auch die fachlichen Fertigkeiten – bei einem stärker, beim anderen schwächer ausgeprägt. Aber sie können auch beim Erwachsenen noch bis zu einem gewissen Grad verändert werden, sie sind also trainierbar. Wer seine Stärken und Schwächen kennt, kann gezielt an ihnen arbeiten.

1. Zielorientierung

„Wer nicht weiß, in welche Richtung er segeln will, für den ist kein Wind der richtige." Das erkannten Philosophen in Griechenland bereits 400 Jahre vor Christus und diese Weisheit gilt – nicht nur für Segler, sondern insbesondere auch für Führungskräfte – noch heute. Zielorientierung meint das Bestreben, sein Verhalten und Handeln daran auszurichten, dass konkret festgelegte, erwünschte Zustände erreicht werden und bestimmte Ereignisse eintreten. Die Ziele, die eine Führungskraft sich und ihren Mitarbeitern setzt, sollten sich dabei immer aus der festgelegten Strategie des Unternehmens und den daraus resultierenden Zielen des eigenen Bereichs ableiten (s. Seite 157ff.).

Unter- und Überforderung ausschließen

Eine zielorientierte Führungskraft ist zum einen fähig, für ihre Mitarbeiter realistische und zugleich herausfordernde Ziele zu setzen. Damit schließt sie sowohl eine Unter- als auch eine Überforderung aus und stellt sicher, dass der Wunsch, die Ziele zu erreichen, ihre Mitarbeiter motiviert. Zum anderen sollte die Führungskraft auch in der Lage sein, den Mitarbeitern verständlich zu machen, inwiefern sie durch die Erreichung ihrer persönlichen Ziele die Gesamtstrategie unterstützen und warum dies essenziell für das Unternehmen und seine Belegschaft ist. Das ist die Grundvoraussetzung dafür, dass alle mit voller Kraft an den eigenen Zielen arbeiten.

Eigene Ziele nachhalten

Die Führungskraft hat aber nicht nur die Aufgabe, Vorgaben für die Mitarbeiter festzulegen. Vielmehr muss sie auch ihre eigenen Ziele und Pläne im Blick behalten. Menschen mit einer hohen Zielorientierung kontrollieren daher immer wieder, ob ihre Handlungen sie ihrem Ziel näher bringen oder nicht. Dafür legen sie Kriterien fest, anhand derer sie feststellen können, ob sie sich noch auf dem richtigen Weg befinden. Stellen sie Abweichungen fest, korrigieren sie ihr Verhalten.

Diese Faktoren zeichnen zielorientierte Führungskräfte aus:

- Zielorientierte Führungskräfte setzen sich und ihren Mitarbeitern herausfordernde, aber realistisch erreichbare Ziele.
- Diese festgelegten Ziele unterstützen die Gesamtstrategie des Bereichs und des Unternehmens.
- Zielorientierte Personen stellen sicher, dass ihre Mitarbeiter die Gesamtstrategie sowie den eigenen Beitrag zu deren Umsetzung nachvollziehen können und die Strategie daher unterstützen.
- Sie formulieren Kriterien, anhand derer sie die Zielerreichung messen können. Auch für festgelegte Teilziele bestimmen sie solche Messgrößen, die sogenannten Meilensteine. Sie überprüfen auch, ob es weiterhin realistisch ist, dass die Ziele erreicht werden.
- Sie kontrollieren den Grad der Zielerreichung bzw. der Teilzielerreichung regelmäßig.
- Zielorientierte Menschen reagieren schnell und konsequent, wenn deutlich wird, dass die Erreichung des Ziels in Gefahr ist oder dass die Rahmenbedingungen sich so weit verändert haben, dass die Ziele angepasst werden müssen.

2. Einfühlungsvermögen

Sich in andere hineinversetzen

Einfühlsame Personen sind in der Lage, sich in andere hineinzuversetzen, ihre Gedanken und Empfindungen nachzuvollziehen, sie richtig einzuschätzen und letztlich zu verstehen. Voraussetzung für diese Fähigkeit ist das Interesse am Gegenüber und an seinen Gefühlen. Menschen, die grundsätzlich stärker am Leben ihrer Mitmenschen teilhaben, sind daher im Vorteil gegenüber denjenigen, die eher auf sich selbst bezogen sind.

Grundlage für erfolgreiche Führungsarbeit

Einfühlungsvermögen ist die Basis für eine erfolgreiche Führungsarbeit, denn es ermöglicht, das Verhalten des anderen nachzuvollziehen und seine voraussichtliche Reaktion einzuschätzen. Entsprechend kann die Führungskraft dann ihre eigene Antwort, das eigene Handeln darauf abstellen. All diese Punkte stellen Voraussetzungen dar, um in der Mitarbeiterführung, in Kundengesprächen oder Kollegendiskussionen zu Lösungen zu kommen, die allen gerecht werden und damit nachhaltig sowie zielgerichtet wirken.

Kienbaum Expertentipp: Zeigen Sie aktives Interesse

Sie können Ihr Einfühlungsvermögen ausbauen, indem Sie sich erkennbar für Ihr Gegenüber interessieren. Fragen Sie aktiv nach. Je mehr Sie über die tatsächlichen Gefühle, Ängste, Ansichten und Bedürfnisse Ihrer Mitarbeiter erfahren, desto besser können Sie darauf eingehen und den Menschen dahinter einschätzen.

Nehmen Sie Ihr Gegenüber ernst

Führungskraft sollte aktiv nachfragen

Darüber hinaus sollte die Führungskraft auch sicherstellen, dass sie ihren Mitarbeiter richtig verstanden hat. Ein bewährtes Mittel hierfür ist das sogenannte aktive Zuhören. Dabei überprüft der Zuhörer durch gezielte Rückfragen, ob das, was er verstanden hat, auch das ist, was der Sprecher meinte. Erst, wenn der Gesprächspartner dies eindeutig bestätigt, bringt der Zuhörer eigene Argumente ins Spiel. Auch dieses Vorgehen trägt dazu bei, die Gefühle, Bedürfnisse und Motive des anderen besser einzuschätzen, eine angemessene Reaktion zu zeigen und Missverständnisse zu vermeiden. So entsteht eine vertrauensvolle Atmosphäre, das Gesprächsklima verbessert sich insgesamt, weil sich das Gegenüber verstanden fühlt und Wertschätzung erfährt. In schwierigen Situationen und kritischen Gesprächen öffnet sich der Gesprächspartner für Argumente.

Woran lässt sich hohes Einfühlungsvermögen erkennen?

- Einfühlsame Menschen sind an ihren Gesprächspartnern, deren Ansichten und Argumenten ehrlich interessiert.
- Sie versetzen sich in die Situation des anderen, versuchen also, seine Perspektive einzunehmen und den Sachverhalt aus seinen Augen zu sehen.
- Eine einfühlsame Person betrachtet insbesondere in kritischen Gesprächen die eigenen Ansichten und diejenigen des Gesprächspartners gesondert. Sie hinterfragt stets, ob sie tatsächlich bemüht ist, die Perspektive des anderen zu übernehmen, oder ob sie womöglich nur versucht, bereits gefasste Urteile zu bestätigen.
- Sie erkundigt sich aktiv nach den Perspektiven, Gedanken und Gefühlen ihres Gegenübers.
- Eine einfühlsame Führungskraft hört aktiv zu und beobachtet die verbalen sowie nonverbalen Signale anderer Personen. Der Gesprächspartner bestätigt ihr, dass sie seine Äußerungen richtig verstanden hat.
- Sie ist in der Lage, sich verbal und im Verhalten auf ihr Gegenüber einzustellen und angemessen zu reagieren. Dank einer sehr guten Beobachtungsgabe nimmt sie auch kleinste Stimmungsänderungen – z. B. anhand der Gestik und Mimik – wahr.

  Einstellen auf den Gesprächspartner
- Konflikte, Unklarheiten und Missverständnisse spricht sie offen und wertschätzend an.
- Eine einfühlsame Führungskraft ist sich stets der Wirkung ihrer eigenen verbalen und nonverbalen Äußerungen bewusst und handelt entsprechend umsichtig.

3. Entscheidungskompetenz

Zu den wichtigsten Aufgaben einer Führungskraft gehört es, Entscheidungen zu fällen. Dazu benötigt sie zum einen ausreichend Informationen, zum anderen muss sie bereit sein, Risiken einzugehen.

Entscheidungen fällen ist Führungsaufgabe

Risikobereitschaft und Informationsbedürfnis sollten in einem ausgewogenen Verhältnis zueinander stehen. Überwiegt bei einer

Person die Risikobereitschaft, besteht die Gefahr, dass sie schnell Entscheidungen trifft, die wenig durchdacht und nicht durch Fakten untermauert sind. Ist bei ihr dagegen das Informationsbedürfnis zu stark ausgeprägt, fällt sie Entscheidungen meist erst nach langem Abwägen der verschiedensten Alternativen. Es besteht die Gefahr, dass sich die Führungskraft in der Suche nach der perfekten Lösung verstrickt und entscheidungsunfähig wird. Oft werden Menschen, die sich nicht zum Handeln entschließen können, von den Begebenheiten eingeholt, die Entscheidung trifft sich dann sozusagen selbst. Hierdurch geht die Führungskraft ein viel unkalkulierbareres Risiko ein, als wenn sie auf Grundlage der aktuell vorliegenden Informationen und unter Berücksichtigung der wahrscheinlichsten Szenarien eine zeitnahe Entscheidung trifft.

Keine Entscheidung zu fällen ist riskant

Auch Entscheidungen selbst gehören auf den Prüfstand

Eine Führungskraft muss also Entscheidungen auch dann fällen, wenn sie nur wenige Informationen vorliegen hat. Damit nutzt sie den Vorteil, Einfluss auf das Ergebnis zu nehmen. Erschwerend kommt für Führungskräfte noch hinzu, dass sie selbst dann noch Entscheidungen treffen müssen, wenn sie nur wenige Informationen vorliegen haben. Außerdem muss ihnen angesichts der Schnelllebigkeit unserer Zeit bewusst sein, dass ein einmal gefällter Beschluss womöglich schon bald wieder angepasst werden muss, weil sich die Umstände geändert haben. Flexibilität ist also Pflicht.

Beschlüsse müssen angepasst werden

Kienbaum Expertentipp: Entscheidungsmatrix erstellen

Wenn Sie die Wahl zwischen zwei Alternativen haben, ist eine Entscheidungsmatrix oft sehr hilfreich. Schreiben Sie für beide Möglichkeiten das Für und Wider auf. Vergeben Sie Pluspunkte für Vorteile und Minuspunkte für Nachteile. Sie können zusätzlich eine Gewichtung der einzelnen Positionen vornehmen. Ziehen Sie am Schluss Bilanz, welche Entscheidung die meisten Vorteile in sich vereint. Oft genügt es, sich eine solche Entscheidungsmatrix vorzustellen, um zu einer Entscheidung zu gelangen.

Entscheidungskompetenz zeigt sich anhand folgender Faktoren:

- Eine Person trifft Beschlüsse überlegt und auf Grundlage der verfügbaren Informationen.
- Sie geht kalkulierbare Risiken ein.
- Sie fällt Entscheidungen möglichst zeitnah.
- Sie steht zu ihrer getroffenen Entscheidung, solange sich an den Umständen, die zu der Entscheidung geführt haben, nichts Grundsätzliches ändert.

4. Überzeugungskraft und Kommunikationsfähigkeit

Überzeugen ohne Druck auszuüben

Überzeugungskraft und Kommunikationsfähigkeit ermöglichen es Menschen, andere Personen durch eine eloquente Rhetorik und überzeugende Argumente von der eigenen Ansicht zu überzeugen, ohne dabei Druck auszuüben. Es geht nicht darum, den Gesprächspartner zu überreden. Vielmehr gilt es, die eigene Meinung und die dahinterstehenden Gedankengänge verständlich und nachvollziehbar darzustellen und Sachlagen zu bewerten. Ziel ist, dass das Gegenüber aufgrund der Argumente der vorgebrachten Sichtweise zustimmt.

Gesamteindruck muss stimmig sein

Mimik, Gestik und Stimmmodulationen müssen passen

Eine Führungskraft, die überzeugen will, muss sich – sozusagen als Grundvoraussetzung – zunächst einmal eloquent ausdrücken und das Gesagte durch Mimik, Gestik und Stimmmodulation unterstreichen können. Wie wichtig dieser Punkt ist, wird immer dann deutlich, wenn man in einer Fremdsprache argumentieren muss. Doch auch in der Muttersprache sollte nie unterschätzt werden, wie viele unterschiedliche Aspekte zusammenwirken und sich unterstützen müssen, um die eigenen Argumente wirklich überzeugend darstellen zu können. So muss etwa die Argumentationskette nachvollziehbar und verständlich sein, der Gesprächspartner sollte also dort abgeholt werden, wo er steht. Einfühlungsvermögen und wertschätzendes Verhalten sind ebenfalls unabdingbar. Dazu gehören auch das richtige, aktive Zuhören und die Vorwegnahme von möglichen Einwänden. Emotionen hingegen sollten in einer sachlich geführten Diskussion keine Rolle spielen. Nur indem die Führungskraft die Argumente des Gegenübers sachlich wahrnimmt, ist es ihr möglich, gezielt auf sie einzugehen und sie argumentativ zu entkräften.

Hören Sie auch zu?

Argumente anderer anhören

Aber es geht nicht nur darum, als Führungskraft selbst möglichst überzeugend aufzutreten. Ebenso wichtig ist es, die Ansichten des Gegenübers zu verstehen – denn unterschiedliche Sichtweisen helfen dabei, auch die eigenen Argumente noch einmal auf ihre Stichhaltigkeit zu prüfen, und können einen bedeutenden Beitrag zur Lösung eines Problems darstellen.

Kienbaum Expertentipp: Kritische Selbstreflexion

Nutzen Sie jede Gelegenheit, um sich Feedback zu Ihrer Kommunikationsfähigkeit und Überzeugungskraft einzuholen. Lassen Sie sich bei bestimmten Anlässen per Video aufzeichnen, wenn es dazu die Gelegenheit gibt. Sehen Sie sich im Anschluss Ihr Auftreten und Ihre Argumentation an und analysieren Sie das Verhalten Ihrer Diskussionspartner.

Wie sich Kommunikationsfähigkeit und Überzeugungskraft zeigen:

- Die Person ist redegewandt und verfügt über die Fähigkeit, das Gesagte adäquat durch Gestik, Mimik und Stimmmodulation zu unterstreichen.
- Sie bringt ihre Argumente nachvollziehbar und anschaulich vor, indem sie ihre Ausdrucksweise an die des Publikums bzw. des Gegenübers anpasst und eine bildhafte Sprache einsetzt.
- Die eigenen Argumente bringt sie sachlich, glaubhaft sowie authentisch vor.
- Sie entkräftet gegenteilige Einwände frühzeitig, indem sie sie vorwegnimmt.
- Die Person tritt selbstbewusst, gleichzeitig aber auch einfühlsam und wertschätzend auf.
- Sie schafft eine positive Gesprächsatmosphäre – z. B., indem sie auch ihren Humor angemessen einbringt.
- Im Gespräch stellt sie die Gemeinsamkeiten und den gemeinsamen Nutzen heraus.

- Sie hört aktiv zu und greift die Argumente ihres Gesprächspartners auf, um sie dann mit Gegenargumenten entkräften zu können.

5. Durchsetzungsvermögen und Konfliktfähigkeit

Entscheidungen gegen Widerstände durchsetzen

Im Alltag wird es immer wieder Situationen geben, in denen die Führungskraft durch gute Argumente und viel Überzeugungskraft allein nicht weiterkommt, sondern gegen Widerstände zu kämpfen hat. In dieser Lage sind ihr Durchsetzungsvermögen und ihre Konfliktfähigkeit gefragt.

Gerade in schwierigen Situationen ist es für die Führungskraft wichtig, über das Ziel, das sie anstrebt und das es im Sinne des Unternehmens und der Mitarbeiter zu erreichen gilt, zu reflektieren. Wer allerdings nach gründlicher und kritischer Betrachtung weiterhin der Meinung ist, dass das gesteckte Ziel richtig und sinnvoll ist, sollte sich nicht durch falsch verstandenes Harmoniestreben davon abbringen lassen. Durchsetzungsvermögen heißt demnach auch, zu seinen Entscheidungen und zu gemachten Zusagen zu stehen. Um über entsprechendes Durchsetzungsvermögen zu verfügen, muss die Führungskraft auch eine angemessene Portion Selbstbewusstsein und Rückgrat haben.

Kein falsch verstandenes Harmoniestreben

Kienbaum Expertentipp: Bleiben Sie standhaft

Als Führungskraft sollten Sie sich stets bewusst sein, dass Sie mit Widerständen umgehen müssen und Konflikte sich nicht vermeiden lassen. Je höher Sie auf Ihrem Weg nach oben steigen, desto eher gilt der Spruch: „Sie sind nicht hier, um sich beliebt zu machen."

Durchsetzungsvermögen nicht als Machtinstrument missbrauchen

Eine Führungskraft sollte ihr Durchsetzungsvermögen nur dazu einsetzen, ein Ziel zu erreichen, das im Rahmen ihrer Aufgaben liegt. Es sollte nicht dazu benutzt werden, um die eigene Machtposition auszubauen. Dagegen sprechen nicht nur ethische Gesichtspunkte: Wenn ein Manager sein Durchsetzungsvermögen dauerhaft missbraucht, um seine Autorität auszubauen, verliert er seine Glaubwürdigkeit und die Anerkennung seiner Mitarbeiter. Das rächt sich: Personen, die zum Opfer des Machtstrebens wurden oder dies befürchten müssen, werden bei der nächsten Gelegenheit versuchen, diesen Manager aufzuhalten oder abzusetzen. Dagegen genießen Führungskräfte, die aus nachvollziehbaren Gründen Durchsetzungsvermögen und Konfliktfähigkeit bewiesen haben, hohe Anerkennung – auch bei den Menschen, mit denen sie nicht einer Meinung waren. Das richtige Maß stärkt damit langfristig ihre Position.

Merkmale des Durchsetzungsvermögens

Woran Sie Durchsetzungsvermögen und Konfliktfähigkeit erkennen

- Die Person zeigt kein übertriebenes Harmoniestreben.
- Sie steht zu ihren Entscheidungen und Zusagen und geht notwendigen Konflikten nicht aus dem Weg.
- Sie schwimmt auch mal gegen den Strom und schließt sich der Mehrheitsmeinung nicht an, wenn sie nicht von deren Richtigkeit überzeugt ist.
- Sie vertraut auf ihre Fähigkeiten, insbesondere darauf, dass sie Situationen korrekt einschätzen und richtige Entscheidungen treffen kann.
- Sie verfolgt zielstrebig ihren Weg und verfügt über eine gesunde Portion „Wadenbeißermentalität“.
- Eine durchsetzungs- und konfliktfähige Führungskraft missversteht den kooperativen Führungsstil nicht dahingehend, dass man mit seinen Mitarbeitern immer einer Meinung sein muss bzw. immer einen Konsens finden muss.

1 Übernehmen Sie Führungsverantwortung

Welche Voraussetzungen muss eine Führungskraft erfüllen?

Wer zum ersten Mal in eine Position mit Führungsverantwortung wechselt, ist oft verunsichert. Viele zweifeln daran, ob sie tatsächlich für die neue Aufgabe geeignet sind und ob die Mitarbeiter sie überhaupt als Chef akzeptieren werden. Außerdem herrscht häufig Verwirrung darüber, welches Wissen eine gute Führungskraft mitbringen muss, denn das Verständnis von Führung hat sich in den vergangenen Jahrzehnten deutlich verändert. Zwar finden sich in manchen Unternehmen noch immer Chefs, die wie Patriarchen anordnen, welche Tätigkeit welcher Mitarbeiter wie zu erledigen hat. Aber diese Vorgesetzten haben es zunehmend schwerer – zu sehr sind die Anforderungen an die Führungskräfte gestiegen. Nicht nur die Märkte haben sich gewandelt. Auch die Werte, Wünsche und Erwartungen von Arbeitnehmern haben sich weiterentwickelt. Führung bedeutet nicht mehr, Anweisungen zu erteilen und deren Erfüllung zu überwachen. Die Kunst besteht darin, Mitarbeitern Motivation und engagiertes Arbeiten zu ermöglichen. Es gilt, ein Individuum oder eine Gruppe ziel- und ergebnisorientiert dahingehend zu beeinflussen, dass gemeinsame Vorhaben umgesetzt werden. Um die damit verbundenen Herausforderungen zu meistern, reichen fachliche Fähigkeiten allein nicht aus.

1.1 Diese Führungsstile sollten Sie kennen

Welche Aufgaben kommen auf eine Führungskraft zu?

Keine Frage, eine Führungskraft hat anspruchsvolle und komplexe Aufgaben zu bewältigen – das gilt heute mehr denn je. Sie muss

- Stellenbewerber auswählen,
- Mitarbeiter führen, ihnen Aufgaben, Ressourcen und Ziele zuteilen,
- Mitarbeiter beurteilen, sie fördern oder bei Pflichtverletzungen disziplinarisch vorgehen,

- Arbeitsergebnisse kontrollieren, freigeben und gegenüber der nächsthöheren Ebene verantworten,
- Budgets planen und verwalten,
- Entscheidungen treffen und verantworten,
- Konflikte schlichten,
- eigene Aktivitäten mit anderen Führungskräften abstimmen sowie
- Entwicklungen außerhalb der eigenen Abteilung und des eigenen Unternehmens beobachten und bewerten.

Führen lässt sich lernen

Aber: Führen kann man lernen! Entgegen einer weit verbreiteten Annahme sind gute Vorgesetzte nicht ausschließlich Naturtalente. Vielmehr haben sie sich in der Regel das notwendige Wissen angeeignet, Fähigkeiten entwickelt und Erfahrungen gesammelt, die sie zu geeigneten Führungskräften machen.

Leadership und Management

Manager organisieren Aufgaben und entsprechende Instrumente

Häufig fallen im Zusammenhang mit Führung auch die Begriffe „Leadership" und „Management". Das englische Wort „Leadership" entspricht dem deutschen Führen und wird im Deutschen synonym verwendet. Dagegen gilt es, „Führung" und „Management" voneinander abzugrenzen. „Management" stammt von „to manage", also von führen, verwalten, leiten. Das zeigt, dass hier neben der Führungsfunktion vor allem die Organisation von Aufgaben bzw. den entsprechenden Instrumenten besondere Bedeutung besitzt.

Kienbaum Expertentipp: Managementbegriff

Beim Begriff „Manager" ist eine richtige Titelflut zu verzeichnen. Früher wurden nur Führungspersönlichkeiten der obersten hierarchischen Ebene als Manager bezeichnet. Heute jedoch schmückt sich fast jeder Positionsinhaber mit diesem Titel. So wurde aus dem Hausmeister oder -verwalter ein Facility Manager, aus dem Sacharbeiter z. B. ein Projekt- oder PR-Manager.

Wenn der Begriff „Manager" allerdings ohne weitere Bezeichnung vorkommt, lässt das auch jetzt noch auf eine ranghohe Führungspersönlichkeit schließen.

Jede Führungskraft steht zunächst einmal vor den gleichen Fragen. Wie ermögliche ich meinen Mitarbeitern die Motivation? Wie führe ich möglichst effektiv und erfolgreich? Und wie gehen ausgezeichnete Führungskräfte vor – was ist deren Geheimnis, was kann ich von ihnen lernen? Die Lösungen auf diese Fragen liegen in den verschiedenen Führungsstilen.

Ein- und zweidimensionale Modelle der Führung

Es existiert eine ganze Reihe an Führungsstiltypologien. Sie stehen aber alle vor dem gleichen Problem: Kaum ein Führungsstil tritt in „Reinkultur" auf. Zudem besteht keine Einigkeit darüber, was ihn überhaupt charakterisiert.

Kein Führungsstil tritt in „Reinkultur" auf

Wie viel Entscheidungsspielraum haben die Mitarbeiter?

Ein sehr bekanntes Modell, um verschiedene Führungsstile zu beschreiben, ist das mittlerweile klassische Führungskontinuum der amerikanischen Forscher Robert Tannenbaum und Warren S. Schmidt. Sie benutzen zur Abgrenzung das Ausmaß der Autorität, das der Vorgesetze zeigt, bzw. den Entscheidungsspielraum, der den Mitarbeiter gewährt wird. Auf diese Weise lassen sich sieben verschiedene Stile relativ klar voneinander abgrenzen.

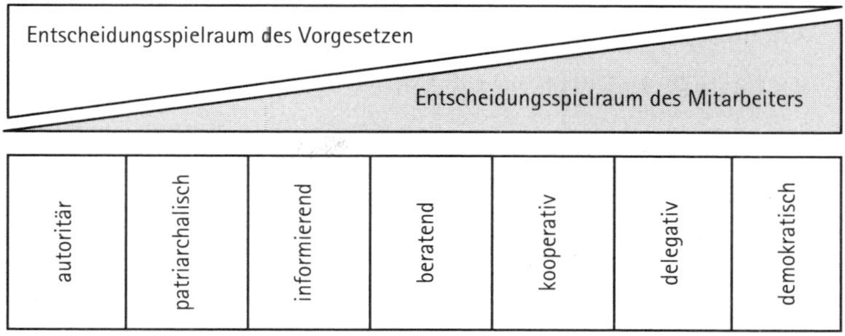

Führungskontinuum nach Tannenbaum/Schmidt

Führungsstile nach Tannenbaum/Schmidt	
autoritär	Vorgesetzter entscheidet und ordnet an.
patriarchalisch	Vorgesetzter entscheidet, ist aber bemüht, die Mitarbeiter von seinen Entscheidungen zu überzeugen, bevor er anordnet.
informierend	Vorgesetzter entscheidet, gestattet jedoch kritische Fragen zu seinen Entscheidungen, um dadurch Akzeptanz zu erreichen.
beratend	Vorgesetzter informiert über Entscheidungen, Mitarbeiter haben Gelegenheit, ihre Meinung zu äußern, bevor der Vorgesetzte die Entscheidung trifft.
kooperativ	Mitarbeiter/Gruppe entwickelt Vorschläge; aus der Zahl der gefundenen und akzeptierten Lösungen entscheidet sich der Vorgesetzte für die von ihm favorisierte.
delegativ	Mitarbeiter/Gruppe entscheidet, nachdem der Vorgesetzte das Problem aufgezeigt und Entscheidungsspielräume festgelegt hat. Vorgesetzter tritt als Moderator auf.
demokratisch	Mitarbeiter/Gruppe entscheidet, Vorgesetzter tritt als Koordinator nach innen und außen auf.

Führung ist mehrdimensional

Der Nachteil dieses einfachen Modells ist, dass es eindimensional ist. Führung dagegen besteht nicht nur aus Entscheidung und Mitbestimmung. Daher wurden weitere, meist zweidimensionale Konzepte entwickelt, die der komplexen Realität gerecht werden sollten.

Einbindung von Mitarbeiter- und Zielorientierung

Eines dieser zweidimensionalen Konzepte ist das Managerial Grid, das von den Amerikanern Robert R. Blake und Jane S. Mouton entwickelt wurde. Es unterscheidet bei Führung zwischen den sozioemotionalen und den sach-rationalen Anteilen – mit anderen Worten zwischen der Mitarbeiter- und der Zielorientierung. Blake und Mouton gingen davon aus, dass sich bei der Führung das Interesse für Personen und Mitarbeiter sowie das Interesse für Arbeitsprozesse und das Erreichen der Arbeitsziele nicht ausschließen, sondern voneinander abhängen. Das Managerial Grid erlaubt es, beide Dimensionen miteinander zu kombinieren. Als Optimum gilt ein Stil, der sowohl eine starke Mitarbeiterorientierung als auch eine starke Zielorientierung aufweist, in der Abbildung der 9.9-Führungsstil.

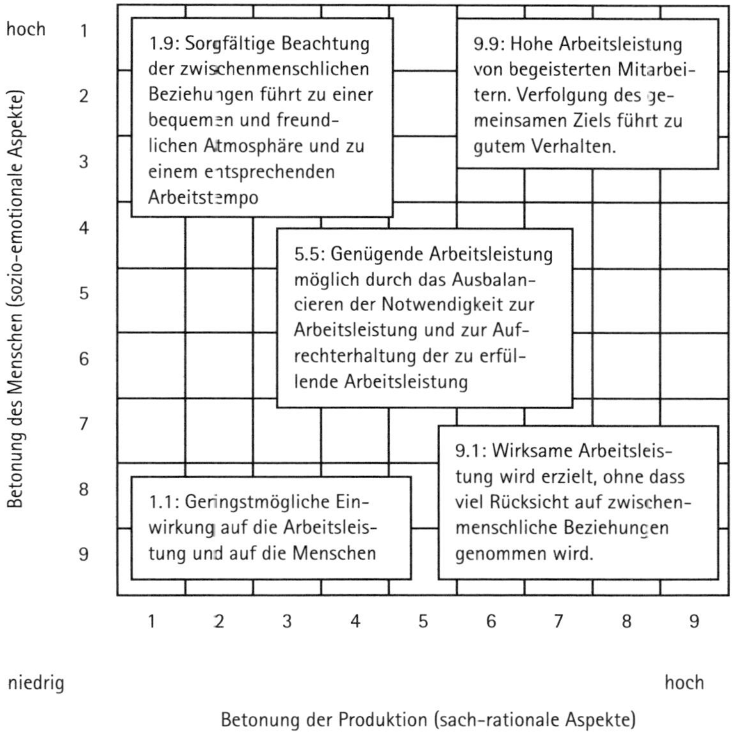

Managerial Grid nach Blake/Mouton

Das Managerial Grid stellt bereits eine gelungene Weiterentwicklung dar, allerdings wird auch hier der Komplexität der Führungsaufgaben noch nicht Rechnung getragen.

Gelungene Weiterentwicklung durch das Managerial Grid

1.2 Führen Sie situativ

Das Konzept der situativen Führung bezieht dagegen die unterschiedlichen Einflüsse auf die Führung ein. In diesem Ansatz ist berücksichtigt, dass verschiedene Situationen und Gegebenheiten auch verschiedene Führungsstile und Verhaltensweisen erfordern.

Drei Kriterien, um den Führungsstil festzulegen

Welcher Stil jeweils angemessen ist, hängt von drei Kriterien ab:

1. die Reife des Mitarbeiters,
2. die Branche bzw. der Unternehmensbereich, in der der Vorgesetzte sich bewegt, und
3. die Situation, in der sich das Unternehmen befindet.

1. Kriterium: der Reifegrad des Mitarbeiters

Wie geht der Mitarbeiter mit seinen Aufgaben um?

Das erste Kriterium für die Wahl des Führungsstils ist die Frage, wie der einzelne Mitarbeiter mit seinen Aufgaben und neuen Herausforderungen umgeht (s. u.):

- Ein reifer Mitarbeiter verfügt über sehr gute Fachkenntnisse und zeigt viel Engagement. Er kann seine Aufgaben dann am effektivsten erfüllen, wenn er seine Arbeit weitgehend frei gestalten kann.
- Ein „unreifer" Mitarbeiter dagegen bringt nur wenige Kenntnisse mit und braucht noch in vielen Bereichen Anleitung, um seine Aufgaben bewältigen zu können.

Kienbaum Expertentipp: Reife im Berufsleben

Die Begriffe „reif" und „unreif" sind natürlich nur im beruflichen Kontext zu sehen.

2. Kriterium: die Branche

Einige Branchen fordern den autoritären Führungsstil

In einigen Branchen ist ein eher autoritärer, anweisender Führungsstil angebracht. Gute Beispiele dafür sind die Produktion oder die Baubranche. Hier gilt es, Baupläne fristgerecht umzusetzen – es versteht sich, dass dabei nicht jeder Bauabschnitt neu verhandelt und ausdiskutiert werden kann. Anders sieht es dagegen in kreativen Teams aus, z. B. in Werbeagenturen oder in Forschungs- und Entwicklungsabteilungen. Hier benötigen die Mitarbeiter ein hohes Maß an Freiheiten, um ihre Aufgaben erfüllen zu können. Ein intensiver Meinungsaustausch und ausreichende Spielräume für neue Ideen sind unverzichtbar.

Beispiel: Freiräume bieten

In kreativen Unternehmen wird immer wieder darüber diskutiert, wie viel Freiheit die „Kreativen" brauchen: Sind sie zumindest an Kernarbeitszeiten gebunden? Dürfen sie „Spielzimmer" mit Computerspielen und Tischfußball nur in Pausenzeiten oder nach Wunsch nutzen?

3. Kriterium: die Unternehmenssituation

Wenn sich ein Unternehmen in einer kritischen Lage befindet, müssen die Verantwortlichen schnelle und oft auch unpopuläre Entscheidungen treffen. Dann ist es nicht sinnvoll, die notwendigen Schritte in verschiedenen Gremien langwierig zu diskutieren. In Wachstumsphasen dagegen sollten die Vorgesetzten ihre Mitarbeiter stärker an Entscheidungen beteiligen, denn dann ist auch die Zeit vorhanden, eine große Zahl von Vorschlägen zu prüfen und gemeinsam umzusetzen.

Krisensituationen erlauben keine langen Diskussionen

Übersicht über die situative Führung

Die situative Führung hat natürlich auch einige Schwächen. Zum Beispiel werden viele Führungskräfte nicht die Zeit finden, jeden Mitarbeiter genau kennenzulernen. Dennoch spricht viel für das situative Führen. Die Führungskraft wird für die verschiedenartigen Bedürfnisse der Mitarbeiter sensibilisiert und kann ihr Verhalten entsprechend ausrichten.

Führungskraft kann nicht jeden Mitarbeiter gleich gut kennen

Führungsstil / Führungskriterien	autoritär	demokratisch
Mitarbeiter	„Unreifer" Mitarbeiter	„Reifer" Mitarbeiter
Unternehmenssituation	z. B. Krise	z. B. Aufschwung
Branche/ Unternehmensbereich	z. B. Baubranche/ Produktion	z. B. Werbeagentur, Forschungs- und Entwicklungsabteilung

Wie die Reife der Mitarbeiter den Führungsstil beeinflusst

Das Konzept der situativen Führung setzt voraus, dass der Vorgesetzte erkennt, über welchen Reifegrad sein Mitarbeiter verfügt. Er muss ihn also gut kennen, muss wissen, über welche Fähigkeiten er verfügt und mit welchem Engagement er Aufgaben angeht.

Wie Sie den Reifegrad erkennen

Engagement und Fähigkeiten sind entscheidend

Als Fähigkeiten werden die beruflichen Fertigkeiten, das Wissen und die Erfahrung des Mitarbeiters bezeichnet (s. Seite 103). Engagement meint das Vertrauen des Mitarbeiters in seine eigenen Fähigkeiten sowie die erkennbare Verantwortung bei der Erledigung seiner Arbeit.

- Ein Mitarbeiter, der Verantwortungsgefühl, Motivation und Erfahrung in Bezug auf seine Aufgaben beweist und dessen Fähigkeiten gut ausgeprägt sind, zeigt also einen hohen Reifegrad, in der Abbildung (s. Seite 29) Reifegrad 4.
- Wer dagegen weder motiviert noch fachlich versiert ist, fällt unter den Reifegrad 1.

Reifegrad verändert sich teilweise sehr schnell

Zwischen den einzelnen Mitarbeitern ist die Reife unterschiedlich ausgeprägt. Allerdings verändert sie sich im Laufe des Berufslebens, teilweise sogar sehr schnell. Eine gezielte Fortbildung kann dazu führen, dass ein Mitarbeiter seine fachlichen Kompetenzen sprunghaft verbessert und die Aufgaben sicherer bewältigt. Ein Workshop, der Mitarbeitern die Gelegenheit gibt, eigene Idee in ein Projekt einzubringen und so die Identifikation mit seiner Tätigkeit fördert, kann die Motivation steigern. Die Führungskraft muss also den Reifegrad ihrer Mitarbeiter und ihren eigenen ständig überprüfen.

Prüfprozess zur Festlegung des Führungsstils

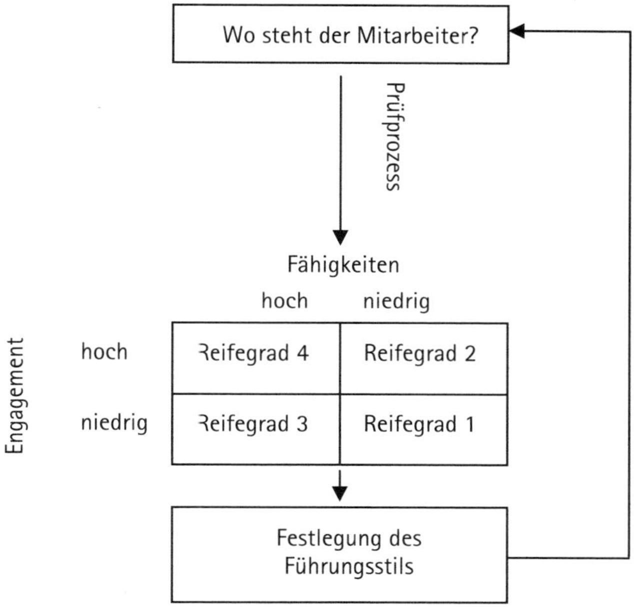

Festlegung des Führungsstils

Welcher Reifegrad ist angemessen?

Je nachdem, welchen Reifegrad der Mitarbeiter aufweist, kommt ein anderer Führungsstil zum Einsatz.

Welcher Führungsstil bei welchem Reifegrad?

- *Lenken (Reifegrad 1):* Ist der Arbeitnehmer noch „unreif", also weder fachlich kompetent noch ausreichend engagiert für seine neue Aufgaben, braucht er sowohl eine fachliche als auch eine verhaltensorientierte Führung. Der Vorgesetzte sollte ihn noch unterweisen, detaillierte Anweisungen geben und sich stark an den Aufgaben des Mitarbeiters orientieren.
- *Trainieren (Reifegrad 2):* Der Mitarbeiter zeigt bereits Engagement, verfügt aber derzeit nur über mäßige Fähigkeiten, um die anstehenden Aufgaben selbstständig erledigen zu können. Er benötigt also ein entsprechendes Training. Die Führungskraft sollte ihm ermöglicht, bei Teilaufgaben Verantwortung zu übernehmen, und nur dann eingreifen, wenn es zu ernsthaften Problemen kommt.

- *Unterstützen (Reifegrad 3):* Die Fähigkeiten von Mitarbeitern des Reifegrads 3 sind zwar hoch ausgeprägt, aber das Engagement ist nicht konstant. Entweder ist der Mitarbeiter nicht stetig motiviert oder er ist unsicher. Die Aufgabe der Führungskraft ist es hier, das Selbstbewusstsein des Mitarbeiters aufzubauen, ihm den Rücken zu stärken und ihn zu ermutigen, eigene Lösungswege zu entwickeln.

Bei sehr reifen Mitarbeitern sind Anweisungen kontraproduktiv

- *Delegieren (Reifegrad 4):* Bei Mitarbeitern, die fachlich kompetent und engagiert sind, die also sowohl über hohe Fähigkeiten, also auch über eine sehr hohe Bereitschaft verfügen, sind Anweisungen unangebracht und wirken eher kontraproduktiv. Besser ist es, wenn die Führungskraft ihnen die Aufgaben vollständig delegiert – einschließlich der dazu notwendigen Entscheidungskompetenzen.

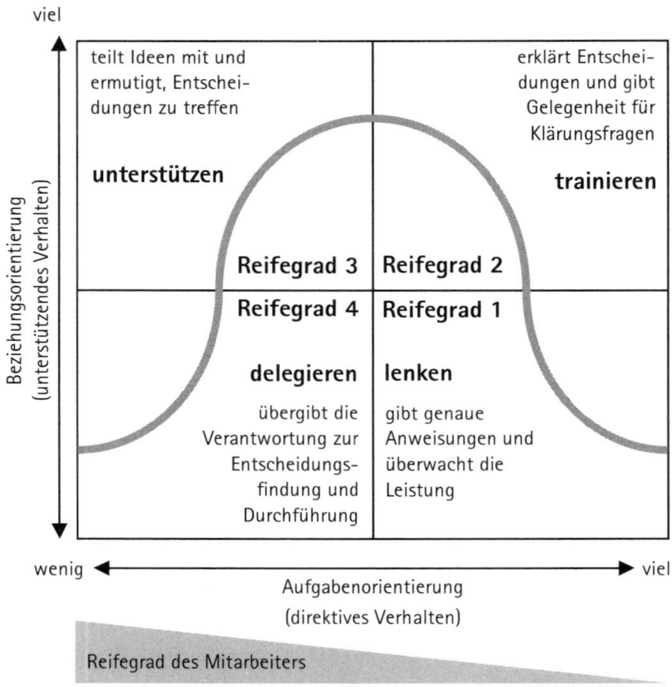

Situative Führung nach Hersey und Blanchard

Kienbaum Kompetenztest: Wie reif ist Ihr Mitarbeiter?

Versuchen Sie einmal, den Reifegrad eines Ihrer Mitarbeiter einzuschätzen. Beobachten Sie ihn, sein Verhalten und die Ergebnisse seiner Arbeit über einen längeren Zeitraum hinweg und beantworten Sie dann folgende Fragen:

Fähigkeiten	ja	nein
Kann Ihr Mitarbeiter aufgetragene fachliche Problemstellungen eigenständig lösen?		
Gibt es Wissensdefizite, die ausgeglichen werden müssen, bevor die neue Aufgabe angegangen wird?		
Arbeitet Ihr Mitarbeiter selbstständig?		
Sucht Ihr Mitarbeiter berufliche Entscheidungen?		
Engagement		
Ist Ihr Mitarbeiter in der Lage, seine Rolle im Team/als Führungskraft klar zu definieren?		
Setzt sich Ihr Mitarbeiter gern mit neuen Aufgaben auseinander?		
Verfügt Ihr Mitarbeiter über eine hohe Bereitschaft zur Leistung?		
Ist Ihr Mitarbeiter belastbar?		
Verfügt Ihr Mitarbeiter in Hinblick auf seine Belastbarkeit über Reserven?		
Sucht oder meidet Ihr Mitarbeiter Verantwortung?		

Je mehr Fragen Sie mit „Ja" beantworten konnten, desto reifer ist Ihr Mitarbeiter.

Überprüfen Sie im nächsten Schritt, ob Ihr eigenes Führungsverhalten dem ermittelten Reifegrad angemessen ist. Erteilen Sie noch Anweisungen, obwohl Sie einen sehr erfahrenen und engagierten Kollegen vor sich haben? Oder delegieren Sie bereits Aufgaben an einen Mitarbeiter, der noch nicht die nötige Reife dazu besitzt? In beiden Fällen demotivieren Sie, statt zu motivieren. Hier sollten Sie Ihr Verhalten anpassen.

1.3 Nutzen Sie Ihre emotionale Intelligenz

Die emotionale Intelligenz ist für eine Führungskraft von besonderer Bedeutung, weil sie durch sie in der Lage ist, sich selbst und ihr Gegenüber zu verstehen und anschließend gezielt zu motivieren. Daniel Goleman hat die entsprechenden Fähigkeiten in einem Skill-Set gebündelt:

Fünf Faktoren der emotionalen Intelligenz

- Selbstbewusstsein,
- Selbstmanagement,
- Selbstmotivation,
- Empathie,
- Engagement.

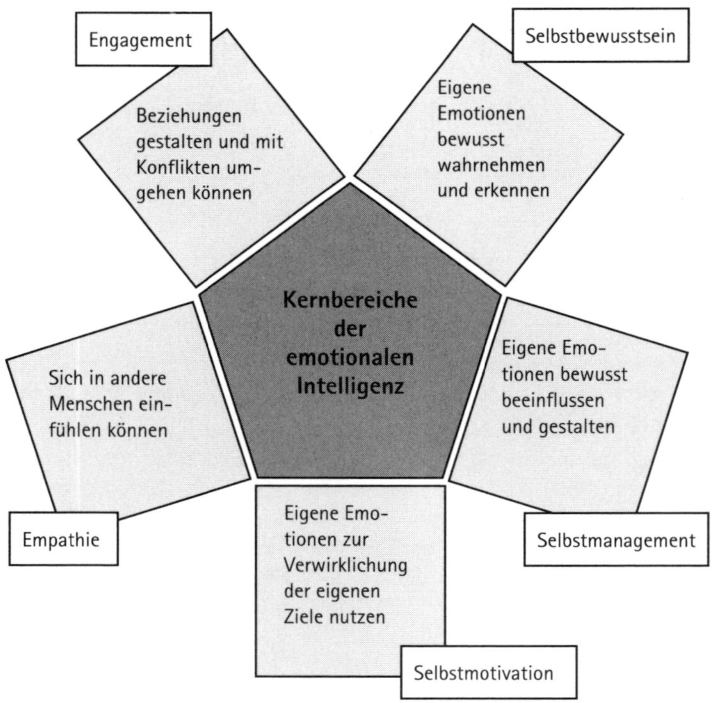

Die Kategorien der emotionalen Intelligenz

Selbstbewusstsein: Nehmen Sie Ihre Emotionen wahr

Nur wer seine Gefühle bewusst wahrnimmt, kann sich auch bewusst verhalten. Anderenfalls läuft er Gefahr, sich seinen Emotionen auszuliefern und von ihnen gesteuert zu werden.

Warum die Kontrolle der Gefühle so wichtig ist

Kontrolle der Gefühle verhindert Ungerechtigkeiten

Unbewusste Gefühle können Wahrnehmungen und Reaktionen stark beeinflussen. Nur wer sich von ihnen nicht hinreißen lässt, vermeidet es, ungerecht oder vorschnell zu handeln. Die Reflexion über die eigenen Emotionen bewahrt die Führungskraft auch davor, mit Mitarbeitern, die ihr sympathisch sind, zu nachsichtig umzugehen oder mit unsympathischen zu streng.

Beispiel: Unangemessene Reaktionen durch Emotionen

Jürgen Otters, Teamleiter in einem mittelgroßen Betrieb, hat sich schon den ganzen Morgen über einen Kollegen aus einer anderen Abteilung geärgert. Nicht nur, dass dieser die vereinbarten Termine nicht einhält – er reagiert auch noch herablassend, als Otters ihn daraufhin zu Rede stellt: So wichtig sei sein Projekt nun auch nicht. Auch über die Mittagspause hat sich Otters nicht wirklich beruhigt.

Als Otters am Nachmittag von einem Mitglied seines eigenen Teams um Unterstützung bei einer kniffligen Frage gebeten wird, bricht die Verärgerung aus ihm heraus. Er habe keine Zeit dafür und außerdem solle der Kollege endlich mal seinen eigenen Grips anstrengen, dann fiele ihm sicherlich eine geeignete Lösung ein, herrscht er sein Teammitglied an. Erschrocken und betreten zieht sich der Mitarbeiter zurück.

Sprechen Sie Gefühle an

Gespräch notfalls vertagen

In der Regel ist es besser, die eigenen Emotionen offen anzusprechen, denn damit werden Missverständnisse vermieden. Ein Mitarbeiter, der von der schlechten Stimmung seines Vorgesetzten weiß, wird es nicht persönlich nehmen, wenn ein Gespräch erst einmal vertagt wird.

Beispiel: Bewusster Umgang mit Gefühlen

Anders als im ersten Beispiel nutzt Jürgen Otters seine Mittagspause diesmal dazu, den Vorfall und seine Verärgerung darüber zu reflektieren. Er beschließt, mit dem Vorgesetzten des Kollegen aus der anderen Abteilung zu sprechen, um einen geregelteren Ablauf der

Tätigkeiten sicherzustellen. Damit fühlt er sich zwar schon besser, aber leider „hängt" sein Projekt immer noch und Otters ist immer noch gereizt. Er beschließt, am Nachmittag etwas kürzer zu treten, bis er sich wieder beruhigt hat.

Als sein Mitarbeiter Otters nach der Pause auf ein schwieriges Problem anspricht, vereinbart er mit ihm gleich für den nächsten Morgen einen Termin, um gemeinsam nach einer Lösung zu suchen. Im Moment allerdings habe er leider den Kopf nicht frei genug, um sich der Schwierigkeit zu widmen. Der Mitarbeiter solle doch bis dahin schon einmal alle Fakten zum Problem zusammenstellen und an verschiedenen Lösungsmöglichkeiten arbeiten, bittet er ihn.

Selbstmanagement: Denken Sie positiv

Das Beste aus der Situation machen

Gedanken und Gefühle sind eng miteinander verbunden. Werden die eigenen Gedanken in eine positive Richtung gelenkt, dann kann eine eventuell vorhandene negative Stimmung gehoben und beeinflusst werden. Die Folge: Die Arbeit geht leichter von der Hand, die Person ist offener für andere Menschen und deren Ideen, die Konzentration und Leistungsfähigkeit steigen. Eine Führungskraft sollte daher lernen, aus den Gegebenheiten immer das Beste – auch für sich selbst – zu machen.

Ziehen Sie Kraft aus positiven Gedanken

Der Lage einen anderen Rahmen geben

Obwohl die Forschungsergebnisse aus der Neuropsychologie eine eindeutige Sprache sprechen, zweifeln viele Menschen daran, dass sie in der Lage sind, die eigenen Gefühle zu beeinflussen. Die Technik, die dabei zum Einsatz kommt, nennt sich Reframing. Ereignisse, Gedanken und Gefühle werden in einen anderen Rahmen, einen anderen Kontext gestellt. Fragen, die dabei helfen, sind z. B.:

- Was ist mein eigentliches Ziel?
- Welche Handlung würde am besten zur Erreichung des Ziels beitragen?
- Lässt sich aus der unangenehmen Sache etwas lernen?

Kienbaum Expertentipp: Arbeiten Sie mit Ihren Gefühlen

Ziel eines bewussten Umgangs mit den eigenen Emotionen ist nicht, in ein simples „Think pink" zu verfallen. Vielmehr sollten Sie die Gefühle als Wegweiser und Kraftquelle nutzen.

Beispiel: Situationen positiv umdeuten

Stephan Berger ist enttäuscht. Bei der letzten Beförderungsrunde in seinem Unternehmen wurde er wieder übergangen. Dass seine Leistungen stimmen, daran besteht kein Zweifel, und das wurde ihm nochmals ausdrücklich bestätigt. Aber sein Vorgesetzter setzt sich einfach nicht nachdrücklich für ihn ein. Und weil an anderer Stelle viel Druck gemacht wurde, sitzt nun ein Kollege auf dem begehrten Posten des Abteilungsleiters und nicht Berger. Das mangelnde Interesse des Chefs zeigt sich nicht nur bei den Beförderungen, auch Fortbildungen sind in der Abteilung eher Mangelware und um zusätzliche Ressourcen müssen die Mitarbeiter mehr kämpfen als andere Teams.

Berger beschließt, die Situation daraufhin zu analysieren, welchen Nutzen er daraus ziehen kann:

- Es ist ihm noch einmal klar geworden, wie wichtig für ihn sein eigentliches Ziel, nämlich die Übernahme einer Abteilungsleitung, ist.
- Er will sein Wissen der inneren Strukturen nutzen und bei der Personabteilung nachfragen, ob eine Versetzung zu einem einflussreicheren und engagierteren Vorgesetzten möglich ist.
- Außerdem sucht er die Adresse des Headhunters heraus, der ihn vor zwei Wochen kontaktiert hatte. Berger hatte ihm abgesagt in der festen Überzeugung, befördert zu werden. Nun aber hat sich die Lage verändert, das Angebot des Headhunters könnte doch interessant sein.
- Er besorgt sich noch am selben Tag Informationen über das Seminar, das er schon so lange besuchen wollte. Ob das Unternehmen die Kosten übernimmt, weiß er nicht, aber er wird den Kurs in jedem Fall besuchen.

Berger rekapituliert die Situation nochmal und überlegt, was er daraus lernen kann. Er versteht, dass er seine berufliche Weiterbildung hat schleifen lassen. Er beschließt, von nun an in jedem Jahr zumindest einmal eine Fortbildung zu besuchen – unabhängig, ob diese von seinem Arbeitgeber bezahlt wird oder nicht.

Obwohl er die Situation im Beispiel alles andere als angenehm empfindet, gelingt es Stephan Berger, das Beste daraus zu machen. Statt seiner Verärgerung freien Lauf zu lassen, überlegt er sich, was er daraus gelernt hat und wie er das Gelernte nutzen kann, um seine Lage zu verbessern. Die Folge davon ist eine Reihe sinnvoller Aktivitäten.

Kienbaum Kompetenztest: Aus negativen Situationen lernen

Denken Sie an eine negative Situation zurück, z. B. ein Verkaufsgespräch, das leider ungünstig verlief. Überlegen Sie nun:

- Was habe ich aus der Situation gelernt?
- Was könnte das Gute an dieser Situation sein?
- Für wen könnte diese Situation noch gut sein?
- Was kann ich das nächste Mal anders und besser machen?
- Wie kann ich das Gelernte dauerhaft umsetzen?
- Welche Schritte unternehme ich als nächstes, um nicht wieder in eine solche Situation zu geraten?

Selbstmotivation: Engagieren Sie sich für Ihre Ziele

Entbehrungen für ein weiter entferntes Ziel

Emotionale Intelligenz wirkt sich als übergeordnete Eigenschaft auf alle anderen Fähigkeiten aus. Für die eigene Motivation spielt sie eine besondere Rolle, denn sie ermöglicht es, Anstrengungen und Entbehrungen auf sich zu nehmen – für ein weiter entferntes Ziel.

Nehmen Sie Erfolgserlebnisse vorweg

Wer sich seiner eigenen Gefühle bewusst ist, dem fällt es leichter, sich zu engagieren. Diese Personen reflektieren über ihre Gefühle bei Erfolgserlebnissen und erleben sie so intensiver. Sie kennen die Hochstimmung, wenn ein Vorhaben gelungen ist, und können diese Emotionen in sich immer wieder wachrufen. Sie sind in der Lage, sich geistig in den gewünschten Zielzustand zu versetzen, und holen sich so schon vorab die Bestätigung, dass sich die Bemühungen lohnen werden.

Engagement wird möglich

Situation nach Zielerreichung als Motivation nutzen

Damit sind emotional intelligente Menschen in der Lage, auch in Zeiten, in denen größere Anstrengungen anstehen, zielstrebig und konzentriert an einer Aufgabe weiterzuarbeiten – in schwächeren Perioden stellen sie sich wieder die Empfindungen vor, die sich einstellen werden, wenn das Ziel erst einmal erreicht ist. Auch die

Fähigkeit, sich den gewünschten Endzustand möglichst plastisch vor Augen zu halten, motiviert sie.

Beispiel: Selbstmotivation

Anja Richter hat sich zu einem Small Talk-Seminar angemeldet. Eigentlich hat sie nicht wirklich Lust dazu, aber in ihrem Job als Anlageberaterin für vermögende Kunden ist sie oft bei gesellschaftlichen Ereignissen eingeladen und muss mit vielen unbekannten Menschen ein ungezwungenes Gespräch führen können. Bisher fällt ihr das noch schwer, sie fühlt sich dabei oft gehemmt. Häufig weiß sie nicht, welche Themen sie ansprechen soll und wie sie ein Gespräch abbricht, ohne unhöflich zu wirken.

Um sich für das Seminar zu motivieren, stellt sich Anja Richter sehr plastisch vor, wie sie beim nächsten Empfang locker mit verschiedenen Menschen plaudert. Sie spürt, wie angenehm es ist, immer die richtigen Worte parat zu haben und mit wenigen Worten von einem Thema zum nächsten zu wechseln. In Gedanken genießt sie es schon jetzt, dass ihr Gegenüber sie freundlich anlacht, weil ihr eine Bemerkung besonders gut gelungen ist. Im Geiste geht sie ganz natürlich von einem Gesprächspartner zum nächsten und schafft es mühelos, ein Gespräch zu beenden.

Haben Sie Spaß an der Arbeit

Auch kleine Erfolge genießen

Wenn wir das, was wir tun, gern tun, sind wir auch automatisch motiviert und engagiert. Begeisterungsfähigkeit für die Sache und Optimismus spielen dabei eine wichtige Rolle, sie sind Voraussetzungen dafür, dass die Tätigkeit Spaß und Freude bringt. Das ist nicht immer einfach, vor allem, wenn Routinearbeiten den Tag bestimmen oder eine langweilige Sitzung die nächste jagt. Trotzdem gilt es, jeder Situation das Beste abzugewinnen, auch kleinere Erfolge zu genießen und für die eigene Motivation zu nutzen.

Mehr über das Thema Motivation und Selbstmotivation erfahren Sie ab Seite 41.

Empathie: Zeigen Sie Einfühlungsvermögen

Der Mensch ist vielen Situationen auf das Wohlwollen und die Unterstützung anderer angewiesen – sei es im beruflichen oder im privaten Bereich. Die Fähigkeit, andere Personen positiv zu beeinflussen und sie für eigene Ideen einzunehmen, ist ein Schlüssel zum Erfolg. Wer von einer Sache überzeugt ist, arbeitet motivierter.

Was interessiert und reizt den anderen?

Hineinfühlen in die andere Person

Um andere Personen tatsächlich für ein bestimmtes Vorhaben einzunehmen, ist es notwendig, ein echtes Verständnis für deren Lebens- und Erlebenssituation zu entwickeln. Empathie bedeutet, sich ganz in die Lage des anderen hineinzuversetzen, zu denken, wie er denkt, seinen Befürchtungen nachzuspüren, zu verstehen, was ihn erfreut oder auch nicht. Vor diesem Hintergrund fällt es viel leichter, die passenden Argumente für einen Plan zu finden, um genau dieses Individuum zu überzeugen. Und auch Einwände lassen sich besser aus dem Weg räumen.

Den anderen besser verstehen

Mitgefühl macht geduldiger

Wer sich solche Gedanken macht, dem fällt es nicht nur leichter, den anderen für sich einzunehmen, er schult zudem sein Mitgefühl und Verständnis für den anderen, wird geduldiger. Ein indianisches Sprichwort sagt: „Gehe eine Weile in meinen Mokassins“. Wann immer negative Gefühle aufkommen, ist es sinnvoll, sich zu fragen, warum der Gesprächspartner gerade so und nicht anders ist. Oft gibt es eine Vielzahl von guten Gründen dafür und die negativen Gedanken erweisen sich als sinnlos.

Kienbaum Kompetenztest: Schulen Sie Ihr Mitgefühl

Stellen Sie sich eine unangenehme Situation vor, in der Sie sich kürzlich geärgert haben, z. B. die lange Wartezeit an der Kasse des Supermarkts. Überlegen Sie sich dann fünf gute Gründe, warum es dem Kassierer nicht möglich war, schneller zu arbeiten.

1. Grund:

____

2. Grund:

____

3. Grund:

____

4. Grund:

____

5. Grund:

____

Engagement: Wie ist Ihre Beziehung zu anderen?

Ein gutes Verhältnis zu anderen kommt nicht von ungefähr. Es will bewusst gestaltet und aufgebaut werden. Und wenn es zu Konflikten kommt, sollten diese im beidseitigen Respekt gelöst werden.

Konflikte in gegenseitigem Respekt lösen

Pflegen Sie Ihre Beziehungen

Ist erst einmal ein gutes Verhältnis zu den Mitarbeitern aufgebaut, kann eine Führungskraft wesentlich mehr bewirken und ihr Team einfacher für ihre Ideen begeistern. Dazu gehört, die Beziehungen zu anderen Menschen bewusst zu gestalten, diese nicht nur zu beobachten, sondern aktiv auf sie zuzugehen. Grundlagen dafür sind gegenseitiger Respekt, Vertrauen und ein positives Grundgefühl für den anderen. Die Bindung wächst, wenn sich jemand engagiert und Dinge unternimmt, die sich günstig auf das Miteinander auswirken.

Lösen Sie Konflikte

Konfliktlösung muss allen gerecht werden

Kein zwischenmenschliches Verhältnis kommt auf Dauer ohne irgendwelche Konflikte aus. Gerade im beruflichen Umfeld treffen häufig Menschen aufeinander, die im Privatleben kaum ihre Zeit miteinander verbringen würden. Konflikte sind an sich auch nichts Negatives, sie weisen auf Schwierigkeiten hin, die gelöst werden können. Problematisch wird es allerdings, wenn sie eskalieren, die Zusammenarbeit verhindern und die Erreichung von Zielen gefährden. Emotional intelligente Personen sind in der Lage, Konflikte zu erkennen, zu benennen und zu einer Lösung zu führen, die allen Beteiligten gerecht wird.

2 Binden Sie Ihre Mitarbeiter ein

Es ist die Aufgabe einer Führungskraft, Menschen dazu zu bewegen, mit größtmöglichem Engagement ihren Aufgaben nachzugehen und zum Wohle des Unternehmens zu handeln. Das gelingt natürlich um so besser, je stärker sich die Arbeitnehmer mit dem identifizieren, was sie tun – denn dann bewegen sie sich freiwillig auf ein Ziel zu, zu dem sie anderenfalls unter großem Aufwand und mit fraglichem Erfolg gezogen werden müssten. Um das zu erreichen, muss die Führungskraft ihre Mitarbeiter in das unternehmensweite Geschehen einbinden: Sie muss ihnen motiviertes Arbeiten ermöglichen, schlagkräftige, stimmige Teams zusammenstellen sowie für effektive und informative Meetings sorgen, die die Kollegen auf den neuesten Stand bringen und Projekte vorantreiben.

Mitarbeiter einbinden schafft Motivation

2.1 Ermöglichen Sie Ihren Mitarbeitern, motiviert zu arbeiten

Wenn von Motivation die Rede ist, heißt es in der Regel, die Führungskraft solle ihre Mitarbeiter motivieren. Allerdings kann Motivation nicht von außen erzeugt werden, sie entspringt dem Inneren eines Menschen. Daher ist jeder Mitarbeiter zunächst einmal selbst für die eigene Motivation zuständig. Der Vorgesetzte ist dagegen dazu angehalten, diese Selbstmotivation überhaupt erst zu ermöglichen.

Motivation entsteht im Menschen selbst

Was treibt den Einzelnen an?

Wenn es stimmt, dass jeder Mensch für seine Motivation verantwortlich ist, bedeutet dies, dass die Grundlagen und Quellen dafür in ihm selbst zu finden sind.

Unterscheiden Sie zwischen der allgemeinen und der spezifischen Motivation

Jeder ist für irgendetwas motiviert

Tatsächlich zeigt sich, dass sich jeder Mensch für irgendetwas engagiert – und sei es in seiner Freizeit. Allerdings ist dies für einen Vorgesetzten nicht immer erkennbar, weil das Engagement außerhalb des Arbeitsplatzes stattfindet: Eine eher gelangweilte Sachbearbeiterin kann sich nachmittags als eine äußerst einsatzfreudige Tierschützerin herausstellen. Es ist daher sinnvoll, zwischen der allgemeinen und der spezifischen Motivation zu unterscheiden:

- Die allgemeine Motivation meint den generellen Wunsch, etwas zu gestalten, zu erreichen und zu bewirken. Sie steckt in jedem Menschen, auch wenn sie individuell unterschiedlich stark ausgeprägt ist. Es ist allerdings unmöglich, sie zu messen.
- Die spezifische Motivation dagegen zielt auf etwas Spezielles ab. Sie bestimmt, mit welchem Engagement sich eine Person für eine bestimmte Sache einsetzt. Dieses Engagement hängt stark an individuellen Motiven. Die spezifische Motivation ist in ihrer Stärke auf diesem speziellen Gebiet gewissermaßen messbar.

Kienbaum Expertentipp: Grad der allgemeinen Motivation

Aus der beobachteten spezifischen Motivation lässt sich abschätzen, wie groß die allgemeine Motivation angelegt ist. Dabei gilt: Sie ist mindestens so groß wie die höchste spezifische Motivation, die in einer Situation beobachtet wurde.

Ein bestimmtes Vorhaben zum eigenen machen

Im Idealfall gelingt es einer Führungskraft, dass die Mitarbeiter ein bestimmtes Vorhaben zu ihrer „eigenen Sache" und damit zum Objekt ihrer spezifischen Motivation machen.

Erkennen Sie den Wert von Anspannung und Entspannung

Fragt man einen Menschen, woher er die Kraft nimmt, die er für sein Engagement braucht, dann erhält man vermutlich oft die Antwort: „Indem ich mich entspanne". Das ist aber nur die halbe Wahrheit. Tatsächlich ziehen wir ebenso viel Energie aus der Anspannung wie aus der Entspannung, wir bewegen uns permanent zwischen diesen beiden Polen. In der Anspannung zeigt sich der Wunsch nach Entfaltung, Entwicklung und Wachstum, der jedem Menschen innewohnt. Nichts ist schlimmer als Stillstand oder gar

Rückschritt. Andererseits muss auch Zeit zum Genießen und zum Loslassen vorhanden sein.

Anspannung und Entspannung in Einklang zu bringen, ist eine wichtige Aufgabe, die dadurch erleichtert wird, dass diese Pole jeweils andere Bedürfnisse befriedigen.

Anspannung und Entspannung müssen im Einklang stehen

Der US-amerikanische Psychologe Abraham Maslow hat die menschlichen Bedürfnisse in seinem klassischen Pyramiden-Modell eingeteilt. Sie bauen hierarchisch aufeinander auf: Erst wenn ein Bedürfnis der unteren Ebene befriedigt ist, kann jenes der nächsthöheren Qualität entstehen.

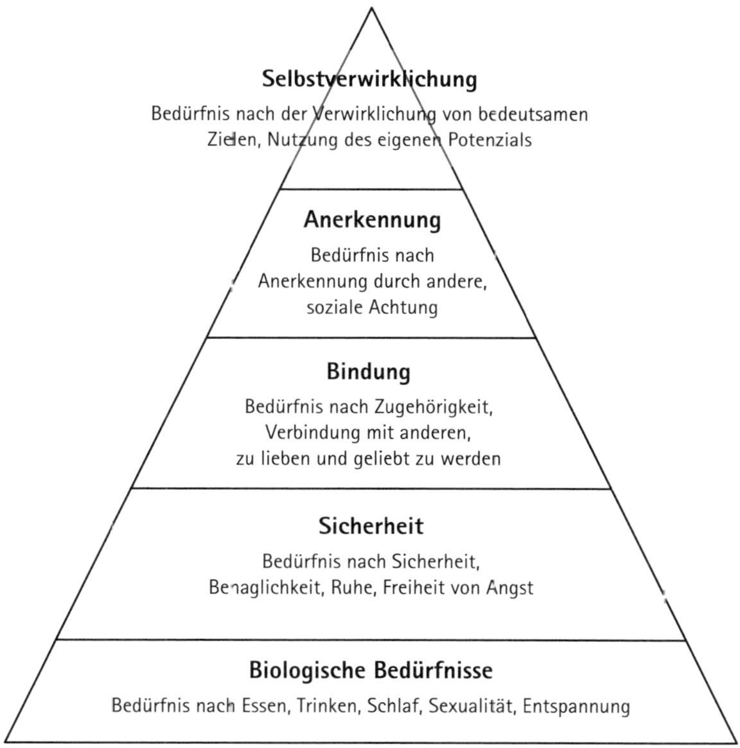

Die Bedürfnispyramide nach Maslow

Was sind Mängel- bzw. Wachstumsbedürfnisse?

Bedürfnis nach Anerkennung und Selbstverwirklichung sind Wachstumsbedürfnisse

Maslow unterscheidet zwischen Mängel- und Wachstumsbedürfnissen. Biologische Bedürfnisse sowie solche nach Sicherheit und Bindung zählen zur ersten Gruppe, die Bedürfnisse nach Anerkennung und Selbstverwirklichung dagegen zur letzteren.

- Die Mängelbedürfnisse lassen uns nach Entspannung suchen: Wenn ein Mensch von Hunger gequält wird, gerät er automatisch in Stress und versucht, Nahrung zu finden. Erst wenn dieses Ziel erreicht ist, kann der Mensch wieder entspannen.
- Will sich jemand dagegen selbst verwirklichen, wird ihm dies nicht dadurch gelingen, dass er zu Hause auf dem Sofa liegt. Er sucht dann die Möglichkeit, seine Fähigkeiten unter Beweis zu stellen und auszubauen, er sucht also nach Anspannung.

Kienbaum Expertentipp: Mitarbeiter suchen Anspannung

Die Erfahrung der Kienbaum-Berater und auch die Ergebnisse verschiedener Umfragen belegen, dass Arbeitnehmer längst nicht mehr nur aus purer Notwendigkeit heraus arbeiten, um ihren Lebensunterhalt zu verdienen. Vielmehr äußern immer mehr Mitarbeiter den Wunsch nach „Spaß" und nach „Sinn" bei der Arbeit. Zudem ist ihnen zunehmend wichtig, die eigenen Vorstellungen zu verwirklichen.

Kommt das Motiv von innen oder von außen?

Menschen brauchen ein Motiv

Menschen erbringen nicht einfach grundlos Leistungen, sondern sie haben dafür ein Motiv. Psychologe unterscheiden zwei Arten von Motivation:

1. die extrinsische Motivation, bei der Anreize von außen auf die Person einwirken. Das können z. B. Belohnungen in Form von Geld, Statussymbolen und Titeln sein.
2. die intrinsische Motivation, bei der die Leistungserbringung selbst einen Reiz darstellt.

Untersuchungen haben gezeigt, dass die extrinsische Motivation in ihrer Wirkung nicht dauerhaft ist. Offenbar nutzen sich Belohnungen und finanzielle Anreize schnell ab bzw. werden zum eigentlichen Ziel der Anstrengung. Der Mitarbeiter ist dann also nicht mehr bemüht, ein besonders gutes Ergebnis abzugeben, sondern er will ein Ergebnis abliefern, das ihm seinen Bonus sichert. Dagegen hält die intrinsische Motivation, also die Freude an der Tätigkeit selbst, sehr viel länger vor. Die Zufriedenheit, die ein Mensch empfindet, wenn er ein Ziel erreicht hat, ist ein sehr starker Anreiz.

Beispiel: Intrinsische Motivation

Ein junger Mann trainiert seit einiger Zeit auf seinen ersten Marathon hin. Eine extrinsische Motivation für sein Handeln gibt es nicht, weder bekommt er dafür Geld noch eine andere Form von faktischer Belohnung. Im Gegenteil, sein neues Hobby verursacht sogar Kosten: Er muss sich Sportkleidung und Laufschuhe besorgen, hat sich über das Internet einen Trainingsplan von einem Experten erstellen lassen und zahlt zudem noch die Startgebühren für den geplanten Jedermann-Lauf. Als er dann die Ziellinie überquert, ist er überglücklich, obwohl seine Zeit nur durchschnittlich ist. Er hat sein Ziel erreicht und beschließt, noch in der gleichen Woche mit dem Training für den nächsten Marathon zu beginnen.

Diese Möglichkeiten haben Sie als Führungskraft, um die Motivation zu fördern

Einflussmöglichkeiten des Vorgesetzten

Wenn aber der Mitarbeiter selbst für seine Motivation verantwortlich ist und wenn externe Belohnungen auf Dauer nicht zielführend sind, welche Einflussmöglichkeiten hat dann eine Führungskraft überhaupt in diesem Bereich? Was kann sie tun, um das Engagement auf einem hohen Niveau zu halten oder gar zu steigern?

Die drei Säulen der Motivation

Die Antwort liegt in den Rahmenbedingungen, innerhalb derer der Mitarbeiter seine Arbeit vollbringt. Die Aufgabe des Vorgesetzten ist es, den zugeordneten Personen einen Handlungsspielraum zu eröffnen, der Selbstmotivation erst möglich macht. Dafür bieten sich ihm drei Ansatzpunkte an:

- Das *Wollen* repräsentiert die Persönlichkeit des Mitarbeiters. Hier finden sich alle bisher genannten Faktoren wieder: Wie hoch sind die allgemeine und die spezifische Motivation dieses Menschen? Was treibt ihn an?

Wollen, Können, Dürfen

- Das *Können* meint die Fähigkeiten und Kompetenzen, die der Mitarbeiter mitbringt. Dieser Baustein steht zwischen dem Wollen und dem Dürfen, er ist einerseits noch eng mit der Persönlichkeit verwoben, wird aber andererseits auch schon in großem Maße von den Entfaltungsmöglichkeiten beeinflusst, die zur Verfügung stehen.
- Das *Dürfen* bezeichnet den umgebenden Handlungsspielraum (s. Seite 139). Es legt fest, in welchem Umfang der Mitarbeiter selbst entscheiden und tätig werden kann.

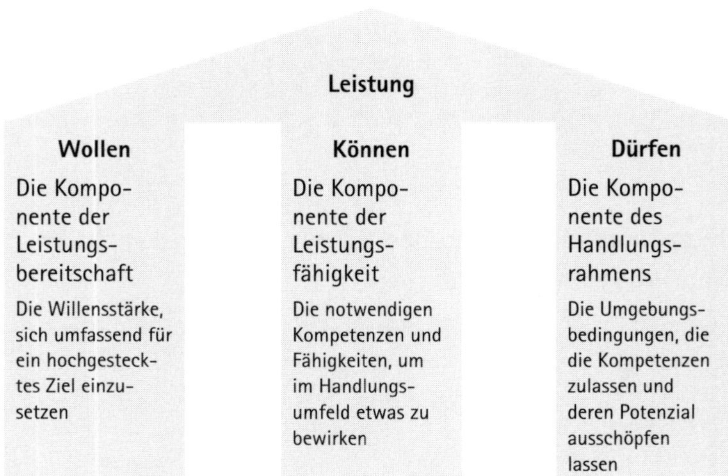

Bausteine der Motivation

Wie groß ist der Einfluss der Führungskraft?

Was kann die Führungskraft beeinflussen?

Das Ausmaß, in dem die Führungskraft auf die einzelnen Bausteine tatsächlich einwirken kann, nimmt dabei zu: Während sie kaum die Persönlichkeit beeinflussen kann, ist es ihr möglich, die Kompetenzen des Mitarbeiters in Absprache mit ihm auszubauen. Den Handlungsspielraum, also z. B. welche Verantwortung sie ihrem Mitarbeiter überträgt, kann sie sogar weitgehend selbst bestimmen.

Drei wichtige Faktoren, um die Leistungsbereitschaft zu fördern

Commitment und Loyalität als Voraussetzung

Um einem Mitarbeiter das Wollen, also die Bereitschaft, etwas zu leisten, zu ermöglichen, muss die Führungskraft zunächst sein Commitment und seine Loyalität gewinnen. Beides steht ganz oben auf der Wunschliste von Unternehmen. Sie sind aber nur möglich, indem der Vorgesetzte dem Mitarbeiter Wertschätzung vermittelt und ihn auf gemeinsame Ziele einschwört.

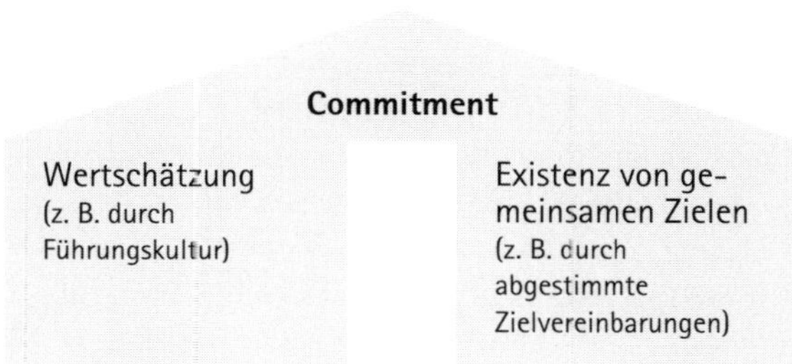

Die zwei Säulen des Commitments

Schaffen Sie Commitment und Loyalität durch Anerkennung

Mitarbeiter als Partner sehen

Echtes Commitment und echte Loyalität gegenüber dem Unternehmen sind wesentliche Größen für den Erfolg am Markt und bringen die Potenziale aller Beteiligten zur Entfaltung. Beide sind allerdings keine Einbahnstraßen. Viele Vorgesetzte erwarten diese Eigenschaften von ihren Mitarbeitern, ohne ihnen jedoch Anlass dafür zu geben: Sie zeigen ihnen nicht, dass sie ihre Arbeit wertschätzen. Anerkennung ist daher die Grundlage, um den Mitarbeitern das Wollen zu ermöglichen. Dazu sollte die Führung die Mitarbeiter als Partner und nicht als Produktionsfaktoren betrachten. Sie sollte nicht nur den juristischen Arbeitsvertrag beachten, sondern vor allem auch den „psychologischen“. In diesem sind all jene Faktoren enthalten, die einen Arbeitsplatz von anderen unterscheiden: Begeisterung, Spaß an der Arbeit, „in-der-Tätigkeit-aufgehen“ und eben auch Loyalität und das Eintreten für gemeinsame Ziele.

Kienbaum Expertentipp: Anerkennung zollen

Immer wieder ist in diesem Zusammenhang zu hören, dass doch das Gehalt für die Anerkennung da sei. Das genügt aber nicht. Wenn Ihre Mitarbeiter klagen: „Das bekomme ich aber nicht bezahlt", dann ist das häufig keine Forderung nach einer größeren finanziellen Entschädigung, sondern nach mehr Anerkennung. Die Arbeitnehmer wollen ihr Engagement und ihre Leistung in der Wertschätzung des Vorgesetzten gespiegelt sehen. Loben Sie daher Ihre Mitarbeiter, wenn sich die Gelegenheit dazu ergibt.

Menschen wollen Sinnvolles tun

Verpflichtung auf gemeinsame Ziele

Eine zweite Säule des Commitments neben der Anerkennung ist die Verpflichtung auf gemeinsame Ziele. Im Idealfall haben sowohl das Unternehmen als auch der Arbeitnehmer Vorteile durch die Erreichung des Ziels. Dann ist das Commitment am einfachsten zu verdienen. Voraussetzung dafür ist, dass der Mitarbeiter versteht, warum er etwas Bestimmtes tun oder erreichen soll, und den Sinn dahinter erkennt. Dies gelingt, indem seine persönlichen Ziele im gemeinsamen Gespräch in den größeren Zusammenhang gestellt werden (s. Seite 163). Erst diese Einbindung der Mitarbeiterziele in die Unternehmensziele und die damit erzeugte Transparenz bei der Aufgabenverteilung stiften Sinn und lassen den Mitarbeiter begreifen, dass seine Arbeit wichtig ist.

Unternehmensziele sind meist sehr abstrakt formuliert. Aus ihnen lassen sich aber schrittweise für jede Hierarchieebene bis hin zum einzelnen Mitarbeiter konkrete, beschreibbare und messbare Ziele ableiten. So wird jeder Mitarbeiter für seine Tätigkeit zum Spezialisten. Es liegt in der Verantwortung der Führungskraft, diese Zusammenhänge zu verdeutlichen.

Beispiel: Ableitung der Mitarbeiterziele

Ebene	Ziel
Unternehmen	Kostenreduktion um 15 Prozent innerhalb der nächsten zwei Jahre
Bereich Controlling	Einführung einer kostenorientierten Leistungsrechnung
Projektteam „Kostenreduktion"	Erstellen der Kostenreduktionspläne
Controller Ingo Hinrich	Identifikation der Kostentreiber für den Bereich „Lagerhaltung"

Zieldialog hilft dabei, die Ziele aufeinander abzustimmen

Je stärker der Mitarbeiter von der Erreichung der Unternehmensziele profitiert, desto höher ist seine Motivation. Um zu gemeinsamen und aufeinander abgestimmten Zielen zu kommen, ist es notwendig, einen Zieldialog (s. Seite 169) zu führen. Dabei erläutert die Führungskraft dem Mitarbeiter die Unternehmensziele und zeigt auf, in welcher Form er aus der Zielerreichung einen Nutzen ziehen kann. Anschließend erhält der Mitarbeiter ebenfalls die Gelegenheit, seine Wünsche und Vorstellungen einzubringen. Der Zieldialog ermöglicht damit eine echte Partnerschaft.

Geben Sie konstruktives Feedback

Kontakt zwischen Mitarbeiter und Führungskraft ist wichtig

Je eigenständiger ein Mitarbeiter arbeitet, desto größer wird die Gefahr, dass er über längere Zeit hinweg nur sehr wenig Kontakt zu seinem Vorgesetzten hat. Es ist aber wichtig, dass der Mitarbeiter in Verbindung mit der Führungskraft bleibt und immer wieder ein konstruktives Feedback erhält.

Kienbaum Expertentipp: Feedback findet ständig statt

Nutzen Sie jede Möglichkeit, um mit Ihrem Mitarbeiter ins Gespräch zu kommen. Auch in scheinbar belanglosen Situationen geben Sie ihm ein Feedback über seine Leistungen und sein Verhalten. Jede Begegnung zwischen Vorgesetztem und Mitarbeiter enthält ein Feedback.

Ergreifen Sie diese Chancen zur Kommunikation und zum Informationsaustausch bewusst – warten Sie nicht auf die ein- bis zweimal im Jahr stattfindenden, ritualisierten Feedbackrunden. Auch wenn das sogenannte spontane Feedback meist nur sehr kurz ausfällt, empfinden die meisten Mitarbeiter es als sehr positiv.

Lob wird zu selten ausgesprochen

Feedback-Situationen bieten der Führungskraft gute Gelegenheiten, um Anerkennung auszusprechen; in der Regel loben Vorgesetzte eher zu wenig als zu viel. In der heutigen Leistungsgesellschaft loben Führungskräfte bis zu 80 Prozent zu wenig: Gute Verhaltensweisen und Ergebnisse werden einfach vorausgesetzt – unerwünschte dagegen sofort sanktioniert. Wer die Rückmeldung nur zur negativen Kritik nutzt, demotiviert langfristig. Kritik und Lob sollten sich möglichst die Waage halten.

Nur loben, wenn es auch etwas zu loben gibt

Allerdings ist es auch kontraproduktiv, einen Mitarbeiter für fast jedes Verhalten zu loben – auch Lob nutzt sich ab, wenn es inflationär benutzt wird. Oft verkehrt es sich dann sogar in sein Gegenteil: Stellt ein Vorgesetzter dann eine normale Verhaltensweise nicht als besonders heraus, interpretiert dies der Mitarbeiter womöglich als Kritik.

Checkliste für Ihr Feedback	
	✓
Ich beschreibe meine Wahrnehmung als eigenes Erleben, nicht als Tatsache.	
Ich gebe Feedback immer zeitnah.	
Ich würdige immer zunächst die positiven Aspekte, erst dann übe ich konstruktive Kritik	
Ich beschreibe kritische Verhaltensweisen, ohne sie zu bewerten. Ich interpretiere nicht, nehme keine Schuldzuweisungen vor, stelle keine Mutmaßungen über mögliche Motive an.	
Ich bin im Feedback sowohl im Positiven als auch im Negativen so konkret wie möglich, ich gebe Beispiele.	
Ich frage den Feedbacknehmer nach seiner Einschätzung und seinen Gründen („Was hätten Sie aus Ihrer Sicht noch verbessern können? Was waren Ihre Gründe ...?").	
Ich revidiere gegebenenfalls meine Meinung.	
Ich arbeite mit Ich-Botschaften („Ich finde ...", „ Ich denke ...") statt mit Sie-Botschaften („Sie haben ...", „Sie sollten ...").	
Ich übe meine Kritik immer unter vier Augen. Anerkennende Worte spreche ich durchaus auch vor Publikum aus.	
Ich werte nicht die Person als Ganzes.	
Ich beziehe mich auf konkrete Situationen.	
Ich spreche in partnerschaftlichem Ton.	
Ich vermeide Allgemeinplätze.	

Ich versuche nicht, die Probleme anderer zu lösen, sondern rege die Lösungssuche an.	
Ich frage mich, ob das, was ich sage, mir selbst in dieser Art und Weise helfen würde.	
Ich bedanke mich für das Gespräch und beende es aufmunternd.	

Bauen Sie das Können Ihrer Mitarbeiter aus

Talent ist Voraussetzung für Höchstleistungen

Selbsternannte Motivationsgurus behaupten gern, dass jeder alles schaffen könne, wenn er es nur wirklich wolle. Das ist eine gefährliche Behauptung, die schnell zu Enttäuschung und Frustration führen kann – z. B. wenn mangels Talent die erhoffte Karriere als Opernsänger oder Fußballprofi scheitert.

Auch ohne Handwerkszeug, also die jeweils erforderlichen Kompetenzen, kommt man sicher nicht sehr weit. Diese bei den Mitarbeitern zu entwickeln ist Aufgabe der Führungskraft – eine eventuell vorhandene Personalabteilung kann nur unterstützend eingreifen.

Natürlich ist auch hier nicht das Unternehmen allein für die Kompetenzentwicklung zuständig – jeder einzelne muss für seine Weiterentwicklung Sorge tragen. Allerdings sollten die Führungskräfte erkennen, ob beim Mitarbeiter eine Diskrepanz besteht zwischen dem individuellen Können und den Anforderungen, die die anstehende Aufgabe stellt. Daraus ergibt sich, welche Maßnahmen zum Ausbau der Fähigkeiten sinnvoll sind und ergriffen werden sollten. Im Zielvereinbarungsgespräch (s. Seite 165) sollten daher auch Absprachen über die zu leistende Entwicklungsarbeit getroffen werden.

Stärken Sie das Selbstbewusstsein Ihrer Mitarbeiter

Selbstvertrauen entsteht durch Vertrauensvorschuss

Wer unsicher und ängstlich ist, traut sich nichts zu. Fehlende Selbstsicherheit bewirkt nicht nur, dass Wissen und Fähigkeiten, die doch eigentlich vorhanden sind, angewandt werden. Auch auf die Motivation hat es negative Folgen: Wer packt schon etwas mit Schwung an, wenn er ständig an sich zweifelt?

Um das Selbstbewusstsein eines Mitarbeiters zu stärken, muss die Führungskraft ihm zunächst einen Vertrauensvorschuss gewähren. Nur wenn der Mitarbeiter vermittelt bekommt, dass man ihm die

Bewältigung der Aufgabe zutraut, fühlt er sich ihr auch gewachsen. Dann nutzt er die Gelegenheit, sich und anderen zu beweisen, dass er in der Lage ist, die Herausforderung zu meistern. Gelingt ihm dies, wächst sein Selbstbewusstsein. Als Folge des positiven Ergebnisses ist wiederum die Führungskraft bereit, einen erneuten Vertrauensvorschuss zu gewähren – ein positiver Kreislauf setzt sich in Gang.

Kienbaum Expertentipp: Selbstbewusstsein durch Wissen

Zur Stärkung des Selbstbewusstseins gehört auch, dass Arbeitnehmer das Wissen, das sie z. B. in Seminaren erworben haben, auch anwenden und austesten dürfen. Ermutigen Sie Ihre Mitarbeiter dazu, sich weiterzubilden und das Gelernte im Alltag umzusetzen. Wenn diese so die Erfahrung machen, dass neue Fähigkeiten erfolgreich angewandt werden können, werden sie auch (selbst-)motivierter arbeiten.

Setzen Sie Ihre Mitarbeiter stärkenorientiert ein

Stärkenorientiertes Arbeiten motiviert den Mitarbeiter

Immer wieder gibt es Versuche, Mitarbeiter dadurch zu entwickeln, dass sie gerade dort eingesetzt werden, wo ihre Schwächen liegen. Sie erhalten dann Aufgaben, die sie mit ihren Wissenslücken konfrontieren – in der Hoffnung, dass sie diese durch die praktische Erfahrung schließen können. Tatsächlich zeigt aber die Erfahrung, dass ein solches Vorgehen die Mitarbeiter meist frustriert. Auch das Ergebnis eines Teams sinkt, weil jeder nur mit dem beschäftigt ist, was er am wenigsten kann und zudem ständig in seiner Tätigkeit unterbrochen wird, weil andere Kollegen ihn zu seinem eigentlichen Fachgebiet befragen.

Viel sinnvoller ist es dagegen, Arbeitnehmer stärkenorientiert einzusetzen – ihnen also Aufgaben zuzuteilen, die sie sicher beherrschen und bewältigen. Die Folge ist nicht nur, dass die richtigen Leute auch mit den richtigen Tätigkeiten beschäftigt sind. Auch für die Motivation ist ein solches Vorgehen günstiger: Wer schon einmal ein Erfolgserlebnis hatte, fühlt sich in seinen Bemühungen bestärkt und will noch mehr leisten.

Kienbaum Expertentipp: Stärken nutzen

Das bedeutet nicht, dass die Schwächen damit vernachlässigt werden: Wenn ein Mitarbeiter die Chance erhält, seine Stärken einzusetzen und diese weiter auszubauen, dann gibt ihm das mehr Sicherheit. Mit wachsender Routine und zunehmendem Selbstbewusstsein lassen sich dann auch leichter die Entwicklungsfelder angehen.

Arbeiten Sie mit Entwicklungsplänen

Fördernd fordern

Für die Führungskraft besteht die Kunst also darin, die richtige Balance beim „fordernden Fördern" zu finden:

- Der Mitarbeiter sollte nicht unterfordert werden, weil dies zu Langeweile und Frustration führt,
- er darf aber auch nicht überfordert werden, weil sonst in ihm Angst vor weiteren Aufgaben entsteht.

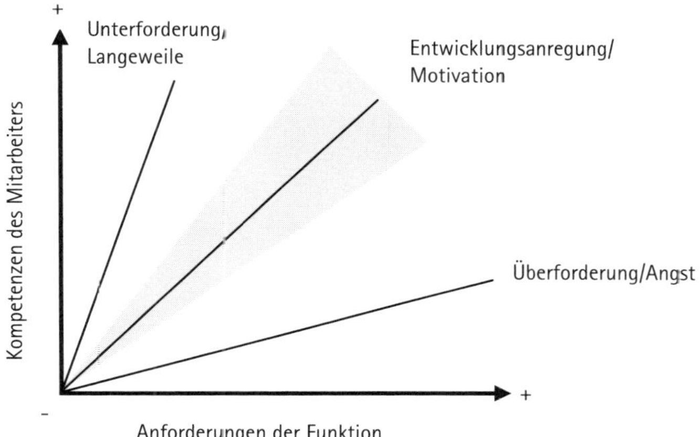

Fordernd fördern

Entwicklungsplan beschreibt die Entwicklungsschritte

Mitarbeiter wachsen mit ihren Aufgaben. Um diesen Prozess zu unterstützen, bieten sich detaillierte Entwicklungspläne an. In ihnen sind die einzelnen Entwicklungsschritte konkret beschrieben, die nötig sind, um ausgehend von einem Startpunkt einen gewünschten Zielzustand zu erreichen. Auch die zu beobachtenden Verbesserungen finden sich darin wieder.

Beispiel: Entwicklungsplan

Ausgangssituation: Susanne Schäfer ist als Personalreferentin häufige Teilnehmerin an Einstellungsgesprächen. Allerdings ist sie während der Interviews immer sehr zurückhaltend und stellt nur wenige Fragen. Da sie bei der Vor- und Nachbereitung stets gute Ideen einbringt, vermutet ihr Vorgesetzter, dass sie unsicher ist, sobald das Gespräch beginnt.

Zielzustand: Susanne Schäfer soll während der Interviews selbst Fragen stellen und Teile des Gesprächs daraus selbstständig entwickeln. Nach einer Weile soll sie in der Lage sein, ein Interview vollständig allein zu führen.

Stufe 1: Frau Schäfer stellt einzelne Fragen aus dem jeweiligen Themenbereich.

Stufe 2: Frau Schäfer übernimmt einen Abschnitt des Einstellungsgesprächs und stellt alle zugehörigen Fragen.

Stufe 3: Frau Schäfer führt das Interview selbstständig.

Verstärker stabilisieren das gewünschte Verhalten

Wenn eine Verbesserung eintritt, sollte der Vorgesetzte diesen Zustand sofort „stabilisieren", d. h. den Mitarbeiter dazu ermutigen, das neue Verhalten bzw. das Erlernte beizubehalten. Um diesen Effekt zu erzielen, arbeitet die Führungskraft mit dem Mittel der Verstärkung: Sie spricht den Mitarbeiter direkt auf die Verbesserung an, zollt ihm Anerkennung und verstärkt so das neue Verhalten. Dabei gilt es, zu beachten:

- Nur das, was selbst beobachtet wurde, darf auch verstärkt werden.
- Die Verstärkung erfolgt sofort.
- Die neuen Verhaltensweisen werden angemessen verstärkt, Übertreibungen sind unangebracht.

Um die Stabilisierung des Verhaltens gezielt zu unterstützen, bietet es sich an, mit dem 3-Punkt-Verstärker zu arbeiten:

- Die Führungskraft beschreibt exakt, was sie positiv wahrgenommen und erlebt hat.
- Sie beschreibt den Nutzen, der sich daraus ergeben hat.
- Sie drückt abschließend ihre Wertschätzung aus und schließt mit einer Danksagung.

Verschaffen Sie dem Mitarbeiter Handlungsspielräume

Auf die dritte Säule der Motivation hat die Führungskraft den größten Einfluss – sie kann dem Mitarbeiter Handlungsspielräume eröffnen und für attraktive Rahmenbedingungen sorgen.

Auf das Dürfen haben die Führungskräfte den größten Einfluss

Geben Sie Ihren Mitarbeitern Verantwortung

Kaum jemand wird bestreiten, dass Erwachsene in ihrem Leben Verantwortung übernehmen. Sie nehmen Darlehen auf und bauen Häuser, ziehen Kinder groß oder kümmern sich um Eltern oder Großeltern. Allerdings wird ihnen diese Verantwortung, die sie im Privatleben ganz selbstverständlich tragen, im Arbeitsumfeld oft abgesprochen bzw. nicht gewährt. Dabei ist auch hier Selbstverantwortung möglich und trägt maßgeblich zu einer hohen Motivation bei. Kennzeichen sind:

- Es gibt Entscheidungsmöglichkeiten. Wenn keine Alternativen zur Auswahl stehen, ist keine Selbstverantwortung möglich.
- Es handelt sich um echte Verantwortung ohne Intervention durch andere. Der Mitarbeiter sollte alle Entscheidungen treffen können, die in seine Entscheidungskompetenz fallen – auch wenn das Vorgesetzten oft schwerfällt.
- Die Verantwortung ist in jedem Fall zu tragen. Nur wenn der Mitarbeiter auch die Folgewirkungen zu tragen hat, kann er seine Wirksamkeit erfahren.
- Die Unternehmenskultur toleriert Fehler.

Im Idealfall erhält der Mitarbeiter Entscheidungsfreiheit, einen entsprechenden Handlungsspielraum sowie die zeitliche Selbstbestimmung. Echte Selbstverantwortung kommt dann auf, wenn der Mitarbeiter die wesentlichen Entscheidungen, die seine Arbeit betreffen, selbst fällen kann. Das betrifft z. B. die Materialverantwortung, die Beurteilung von Aufwand und Nutzen, aber auch zielführende Entscheidungen. Kommt zu diesen Spielräumen noch die Selbstkontrolle hinzu, kann er selbst sogar feststellen, ob und wie seine Entscheidungen wirken. Damit übernimmt er auch den Kontrollaspekt von der Führungskraft, wodurch eine zusätzliche Motivation entsteht. Wer sich stark überwacht und kontrolliert fühlt, übernimmt keine Selbstverantwortung.

Auch Kontrollaspekte auf den Mitarbeiter übertragen

Kienbaum Expertentipp: Handlungsspielraum ausweiten

Oftmals wird es nur dann möglich sein, den Handlungsspielraum einzelner auszubauen, wenn gleichzeitig ganze Unternehmensbereiche reformiert werden. Denn es handelt sich hier möglicherweise um die Übernahme von Tätigkeiten auf der gleichen Hierarchieebene, umfasst aber auch die Verantwortung von vor- und nachgelagerten Tätigkeiten. Damit übernimmt der Mitarbeiter immer stärker die Prozessverantwortung.

Arbeitszeitmodelle steigern die Motivation

Entsprechende Arbeitszeitmodelle schaffen eine zeitliche Selbstbestimmung. Auch wenn der wirtschaftliche Nutzen noch nicht endgültig bewiesen ist – der motivierende Effekt bei den Mitarbeitern ist enorm. Wann immer die Notwendigkeiten es zulassen, sollten daher flexible Arbeitszeiten genutzt werden.

Wie ist die Fehlerkultur?

Eine gewisse Toleranz im Unternehmen gegenüber Fehlern ist Voraussetzung dafür, dass Mitarbeiter gern Verantwortung übernehmen. Wer Entscheidungen trifft, darf sich auch mal irren. In einer Null-Fehler-Kultur wächst nur die Selbstabsicherung, nicht aber die Selbstverantwortung.

Verantwortung an Mitarbeiter auch bei Schwierigkeiten übertragen

Das gilt auch in schwierigen und kritischen Situationen. Wer die Entscheidungsgewalt nur dann erhält, wenn alles gut läuft, übernimmt keine echte Verantwortung. Auch wenn es Schwierigkeiten gibt, sollte die Entscheidungsgewalt beim Verantwortlichen verbleiben, der Vorgesetzte greift nur beratend ein. Er liefert Informationen und steht dem Mitarbeiter bei, aber er entscheidet nicht für ihn. Falsche Beschlüsse zu treffen und daraus zu lernen ist ein wichtiger Schritt auf dem Weg zu mehr Selbstverantwortung – und persönlichem Wachstum.

Kienbaum Kompetenztest: Wollen, Können, Dürfen

Überlegen Sie, wie Sie es Ihren Mitarbeitern leichter machen können, motiviert zu arbeiten.

	ja	nein
Zollen Sie Ihren Mitarbeitern regelmäßig Anerkennung für ihre Arbeit?		
Halten sich bei Ihnen Lob und Kritik die Waage?		
Ist Ihre Kritik konstruktiv?		
Kennen Sie die Ziele jedes einzelnen Ihrer Mitarbeiter?		
Erarbeiten Sie diese Ziele gemeinsam mit dem Mitarbeiter aus den Unternehmenszielen und sprechen Sie sie gemeinsam durch?		
Haben Sie bei der Zielvereinbarung auch die Vorstellungen Ihres Mitarbeiters berücksichtigt?		
Zeigen Sie ein angemessenes Interesse für seine persönlichen Ziele?		
Geben Sie Ihren Mitarbeiter regelmäßig Feedback?		
Nutzen Sie auch die Gelegenheiten für spontanes, situatives Feedback?		
Halten Sie sich an die Feedback-Regeln?		
Sind Sie über den Entwicklungsstand Ihrer Mitarbeiter informiert?		
Wissen Sie, welche Anforderungen die Aufgaben, die sie zu bewältigen haben, mit sich bringen?		
Kennen Sie die Lücken zwischen den Anforderungen und dem Wissensstand Ihrer Mitarbeiter?		
Machen Sie sich regelmäßig Gedanken darüber, wie Sie diese Lücken füllen können?		
Fördern Sie Ihre Mitarbeiter in sinnvoller Weise?		
Erstellen Sie Entwicklungspläne für Ihre Mitarbeiter und beziehen Sie diese in die Zielvereinbarungen ein?		
Gewähren Sie Ihren Mitarbeitern einen Vertrauensvorschuss?		
Bieten Sie Ihren Mitarbeitern Herausforderungen?		
Stärken Sie das Selbstvertrauen Ihrer Mitarbeiter?		
Setzen Sie Ihre Mitarbeiter stärkenorientiert ein?		

Arbeiten Sie mit Verstärkern, wenn Sie positives, erwünschtes Verhalten bei Ihren Mitarbeitern feststellen?		
Übertragen Sie – wann immer es möglich ist – Verantwortung an Ihre Mitarbeiter?		
Liegt die Entscheidungsbefugnis für alle Fragen, die sein Gebiet betreffen, bei Ihrem Mitarbeiter?		
Unterstützen Sie Ihren Mitarbeiter bei Schwierigkeiten, nehmen ihm aber die Entscheidung nicht ab?		
Haben Sie auch die Kontrolle an den Mitarbeiter abgegeben?		
Tolerieren Sie, dass Ihr Mitarbeiter einmal Fehler macht?		
Bietet Ihr Unternehmen flexible Arbeitszeiten?		

Je mehr Fragen Sie mit „Ja" beantworten konnten, desto besser sind die Rahmenbedingungen dafür, dass Ihre Mitarbeiter motiviert arbeiten. Jeder Punkt, den Sie verneinen mussten, bietet einen Hinweis auf mögliche Verbesserungen.

Im Idealfall bitten Sie einmal Ihre Mitarbeiter, diesen Test mit umgekehrten Vorzeichen auszufüllen. Fühlen sie sich ausreichend unterstützt und haben sie das Gefühl, dass ihre Leistung anerkannt wird?

Werteorientierte Führung

Bedürfnis nach Anerkennung und Selbstverwirklichung ist gewachsen

Wie gesehen haben Mitarbeiter heute ein anderes Verständnis und auch veränderte Fähigkeiten in Bezug auf das Wollen, Können und Dürfen als in der Vergangenheit.

Die Veränderungen der Arbeitnehmerwerte, die auch die Ansprüche an die Führungskräfte veränderten, konnten insbesondere in den sechziger und siebziger Jahren festgestellt werden. Der Babyboom der fünfziger und sechziger Jahre sorgte für eine „Verjüngung“ der Bevölkerung, deren Werte die nächsten Jahrzehnte entsprechend beeinflussten. Grundlegende Bedürfnisse waren bereits gestillt und das Bedürfnis nach Anerkennung und Selbstverwirklichung – auch in der Arbeit – rückte in den Vordergrund (s. hierzu auch Seite 42). Gleichzeitig ermöglichten die zunehmend besser werdenden und länger dauernden Ausbildungen eine Selbstverwirklichung im Sinne der Karriereentwicklung.

Aktuell verlangen Mitarbeiter in wachsendem Maße ein Mitdenken-Dürfen und möchten selbstständiger vorgehen. Die „Selbstentfaltung" steht dabei im Mittelpunkt.
Die Unternehmen haben darauf reagiert und versuchen mit entsprechenden Instrumenten, diesen Wertewandel für sich zu nutzen. Das bedeutet, dass sowohl die Mitarbeiter als auch die Führungskräfte heute etwas anderes „wollen", „können" und „dürfen" als in den letzten Jahrzehnten.

Welche Führungsgrundsätze gelten?

Führungsgrundsätze bilden die Unternehmensphilosophie ab

Führungsgrundsätze sowie Kodizes der Zusammenarbeit dienen dem Unternehmen dazu, die Werte der Unternehmensphilosophie bzw. des Leitbilds darzustellen und zu konkretisieren. In der Praxis gibt es durchaus Überschneidungen zwischen den erarbeiteten Grundsätzen verschiedener Organisationen, da sie fast übereinstimmend ein kooperativ-delegatives Führungskonzept vertreten. Dies leitet sich aus einem humanistischen Weltbild ab, in dessen Mitte insbesondere die Werte „gegenseitiges Vertrauen", „Achten des Anderen" und „Bieten von Entfaltungsmöglichkeiten" stehen.

Kienbaum Expertentipp: Grundsätze als Orientierungshilfe

Führungsgrundsätze sind als generalisierende Gestaltungsanweisungen mit Appellcharakter für Führungskräfte zu verstehen. Auf der anderen Seite dienen sie den Mitarbeitern als Orientierung, wie die Führungskraft führen „soll" und welches Menschen- bzw. Mitarbeiterbild vertreten wird. Im besten Fall werden Führungsgrundsätze im Sinne eines situativen Führungsstils verankert.

Voraussetzung: Grundsätze werden in der Praxis eingehalten

Nach außen hin werden Führungsgrundsätze als Corporate Image genutzt. Unternehmen setzen damit z. B. Bewerbern das Zeichen: „Wir stellen unsere Mitarbeiter und damit auch die Führung und den Umgang miteinander in den Fokus unserer Unternehmensphilosophie." Führungsgrundsätze sind jedoch nur dann sinnvoll, wenn sie auch gelebt werden. Dies setzt voraus, dass in der Praxis ihre Einhaltung unter Zuhilfenahme spezifischer Instrumente überprüft wird. Die Führungskraft muss sich bzw. ihren Führungsstil an den Grundsätzen messen lassen.

Was bedeutet „werteorientierte Führung" für die Führungskraft?

Vorgesetzter muss Werte vorleben

Wie der Name „werteorientierte Führung" schon ausdrückt, wird an die Führungskraft der Anspruch gestellt, auf Grundlage bestimmter Werte zu führen. Diese Wertesysteme müssen durch den Vorgesetzten gelebt und vorgelebt werden. Er trägt die Verantwortung, seinen Mitarbeitern und damit auch potenziellen Führungsnachwuchskräften diese Werte zu vermitteln. Gerade bei jüngeren Mitarbeitern fällt dies leicht, weil sie zunehmend selbst diese Werte einfordern. Schwieriger gestaltet sich dies allerdings bisweilen bei älteren Mitarbeitern, die bisher im Unternehmen andere Werte vorgelebt bekommen haben. Arbeitnehmern, die vielleicht noch bis vor kurzem eine Führungskraft mit autoritärem, anweisendem Führungsstil erlebt haben, wird es schwerfallen, sich auf die neue Situation einzustellen. Der Mitarbeiter sollte dann je nach „Reife" (s. Seite 28) möglicherweise zunächst langsam an die kooperative Führung, die auch vom Mitarbeiter mehr Eigenständigkeit verlangt, gewöhnt werden.

2.2 Führen Sie Ihr Projektteam zum Erfolg

Effizienz der Projektarbeit hängt von verschiedenen Faktoren ab

Projektarbeit ist heutzutage in den Unternehmen gang und gäbe. Im Rahmen von Hierarchieabbau und Flexibilisierung der Arbeitszeit wächst die Bedeutung von temporären Projektteams. Diese Form der Zusammenarbeit kann sehr effektiv sein, allerdings ist der Erfolg von verschiedenen Faktoren abhängig. Eine wesentliche Rolle spielt etwa die Zusammensetzung der Gruppe: Welche Typen sind im Team vertreten und wie gut oder schlecht harmonieren sie miteinander? Wie gelingt es, aus einem zusammengewürfelten Haufen eine eingeschworene Mannschaft zu formen, in der jeder für jeden eintritt? Was ist zu tun, wenn im Team Konflikte auftreten oder einzelne Mitarbeiter um Kompetenzen streiten? Auf eine Führungskraft kommen zahlreiche Aufgaben zu, soll ihr Team zu einer schlagkräftigen Einheit werden.

Kienbaum Expertentipp: Arbeitsgruppen

Auch wenn sich die folgenden Ausführungen auf Projektteams beziehen, gelten die Tipps für alle Arbeitsgruppen.

Was zeichnet ein Team aus?

Der Begriff Team könnte auch mit „Together Everyone Achieves More" übersetzt werden. Das zeigt schon, dass nicht jede Gruppe auch die Bezeichnung Team verdient.

Wann ist ein Team erfolgreich?

Merkmale eines erfolgreichen Teams:

- Das Team hat ein klares Ziel.
- Jedes Mitglied ist für die Zielerreichung verantwortlich.
- Die Zusammenstellung des Teams erfolgt fach- und bereichsübergreifend.
- Das Unternehmen wählt die Teammitglieder so aus, dass Synergieeffekte genutzt werden.
- Es herrscht eine umfassende Kommunikation und Interaktion zwischen den Teammitgliedern.
- Es existiert ein starkes Wir-Gefühl.
- Das Team ist als solches sinnvoll in die Gesamtorganisation eingebunden.

Schritte zum Team

Wer sich verschiedene Gruppen in einem Unternehmen ansieht, die alle die Bezeichnung Team tragen, wird vermutlich große Unterschiede feststellen können. Zwischen einer unkoordinierten Arbeitsgruppe und einem Hochleistungsteam gibt es immense Unterschiede.

Name	Aufbau
Arbeitsgruppe	Alle Mitarbeiter bearbeiten ähnlich gelagerte Inhalte. Die räumliche Nähe dient dem Informations- und Meinungsaustausch. Aber es gibt kein gemeinsames Ziel, auf das alle hinarbeiten. Es werden lediglich Aufgaben bearbeitet.
Pseudo-Team	Hierbei handelt es sich um „Teams", die nicht gemeinschaftlich an Aufgaben arbeiten und dies auch nicht wirklich anstreben.
Potenzielles Team	An diese Gruppe werden erhöhte Leistungsanforderungen gestellt. Es mangelt aber an Klarheit über den Zweck der Zusammenarbeit, Ziele oder Arbeitsergebnisse sowie den gemeinschaftlichen Arbeitseinsatz. Es hat sich noch keine gemeinschaftliche Verantwortung entwickelt.
Echtes Team	Ein echtes Team ist eine überschaubare Anzahl von Personen, deren Fähigkeiten sich ergänzen und die sich gleichermaßen für eine gemeinsame Sache, gemeinsame Ziele und Vorgehensweisen engagieren und einander gegenseitig zur Verantwortung ziehen.
Hochleistungsteam	Sie erfüllen alle Kriterien des echten Teams. Darüber hinaus setzen sich die Mitglieder besonders für die persönliche Entwicklung und den Erfolg ihrer Mitstreiter ein. Weil sich das Team seiner besonderen Rolle bewusst ist, übertrifft es die Erwartungen und die Leistungen ähnlicher Teams.

Regeln für die Teamzusammenstellung

Teammitglieder müssen sorgfältig ausgewählt werden

Ob eine Gruppe auf dem Status eines Pseudo-Teams verbleibt oder zum Hochleistungsteam heranwächst, ist stark von seiner Zusammensetzung abhängig. Die unterschiedlichen Qualifikationen und Stärken der Teammitglieder bilden einerseits die Basis für Spitzenleistungen, andererseits können sie aber auch Konflikte auf der Beziehungs- oder Sachebene darstellen, z. B. in Bezug auf Teamziele, Methoden und Aufgabenverteilung. Häufig kommen auch Probleme und Unstimmigkeiten bei der Rollenverteilung oder der Kommunikation auf. Viele Schwierigkeiten lassen sich aber schon im Vorfeld umgehen, indem die Führungskraft die betreffenden Mitarbeiter sorgfältig auswählt.

Achten Sie auf die richtige Teamgröße

Oft glauben Vorgesetzte, dass die Ergebnisse des Teams umso besser werden, je mehr Experten darin vertreten sind. Das ist aber ein Irrtum. Teams können nicht beliebig groß werden, sonst verlieren sie ihre Effektivität. Untersuchungen haben gezeigt, dass sich der Leistungszuwachs verringert, sobald ein achtes Mitglied hinzugefügt wird. Ab dem elften Mitglied schrumpft er sogar.

Ideale Teamgröße liegt bei sieben Mitgliedern

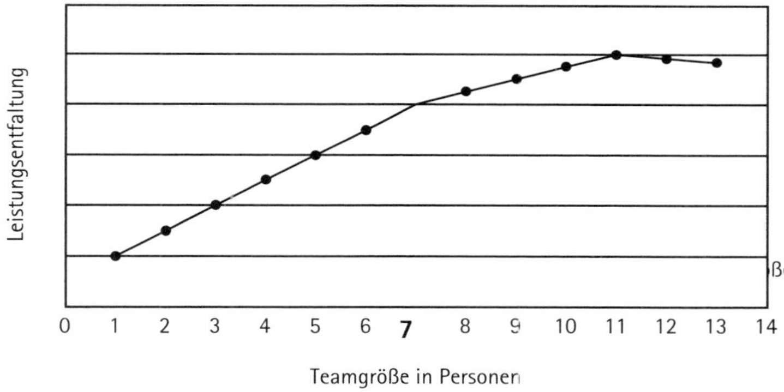

Die Bedingungen, unter denen Interaktion und Kommunikation stattfinden, verschlechtern sich bei zunehmender Gruppengröße so sehr, dass sie kontraproduktiv wirken und das Team in seiner Arbeit behindern. Hintergrund ist, dass bei zunehmender Größe die Beziehungen der Teammitglieder zueinander immer komplexer und damit undurchschaubarer werden. Es bilden sich Untergruppen, die für sich – aber nicht mehr für das Gesamtteam arbeiten. Mögliche Folgen sind Konflikte, die den Erfolg gefährden. Die ideale Größe für ein Team liegt bei sieben Personen.

Beziehungen zwischen den Teammitglieder werden komplexer

Checkliste für die richtige Teamgröße	
	✓
Allen ist die Rollen- und Aufgabenverteilung bekannt.	
Das Team kann sich ohne großen Aufwand spontan versammeln und miteinander kommunizieren.	
Jeder beteiligt sich aktiv – „Konsumenten" fallen auf.	
Es herrscht eine konstruktive Dynamik.	

Wählen Sie die Teammitglieder aus

Fragen zur Teamzusammensetzung

Wie ein Team jeweils zusammengestellt ist, hängt vom Teamauftrag ab. Die Fragen, die bei der Entscheidung, wer aufgenommen werden soll und wer nicht, helfen, sind:

- Wer kommt für die Teambesetzung infrage?
- Welche Fachkompetenzen müssen vorhanden sein, um den Auftrag ordnungsgemäß zu erfüllen?
- Wie viel Arbeitskraft wird benötigt? Stehen die betreffenden Personen vollständig oder nur teilweise zur Verfügung?

Dabei gilt es aber nicht nur, die jeweiligen Fachkompetenzen zu berücksichtigen. Auch die Rolle, die das einzelne Mitglied im Gruppengefüge zu übernehmen hat, stellt einen wichtigen Aspekt dar. Teams leben davon, dass verschiedene Persönlichkeiten miteinander arbeiten und sich in ihren Fähigkeiten ergänzen.

Teamtypologien und ihre Kennzeichen

Vielfältige Aufgaben erfordern verschiedene Typen

In Teams werden unterschiedliche Fähigkeiten benötigt. Zum einen geht es darum, neue Ideen zu entwickeln, zum anderen aber auch darum, Altbekanntes daraufhin zu überprüfen, ob es sich bewährt hat oder nicht. Es werden Menschen gebraucht, die ein Vorhaben tatkräftig vorantreiben – aber auch solche, die energisch einschreiten, wenn die Richtung nicht stimmt und sich Fehler einschleichen.
Die folgenden Typologien treten natürlich nur selten in Reinform auf. Aber sie bilden eine gute Basis für die Zusammenstellung von Teams:

- Der *Prototyper* arbeitet bereits daran, die Ideen konkret zu verwirklichen. Er arbeitet sehr handlungsorientiert, weniger visionär.
- Der *Kraftmotor* bringt die Dinge in Gang und ist die treibende Kraft im Team.
- Der *Zuverlässige* setzt die Vorgaben gezielt und fleißig um, bringt aber weniger eigene Ideen und Gedanken ein.
- Der *Detaillist* arbeitet bei der Umsetzung sehr genau, verharrt lieber im Bekannten und neigt dadurch zu Bedenken.
- Der *Helfer* bringt wenig eigene Ideen ein, kann aber Aufgaben gut ausführen.

- Der *Sammler* eignet sich gut für Aufgaben, die den Umgang mit bekannten Materialien zum Inhalt haben, z. B. eine Ist-Analyse.
- Der *Ideengeber* bringt viele neue Ideen ein, scheitert aber oft an deren Umsetzung.
- Der *Stratege* ist mit seinen gut durchdachten und umsetzbaren Ideen für die Konzeptentwicklung unentbehrlich.

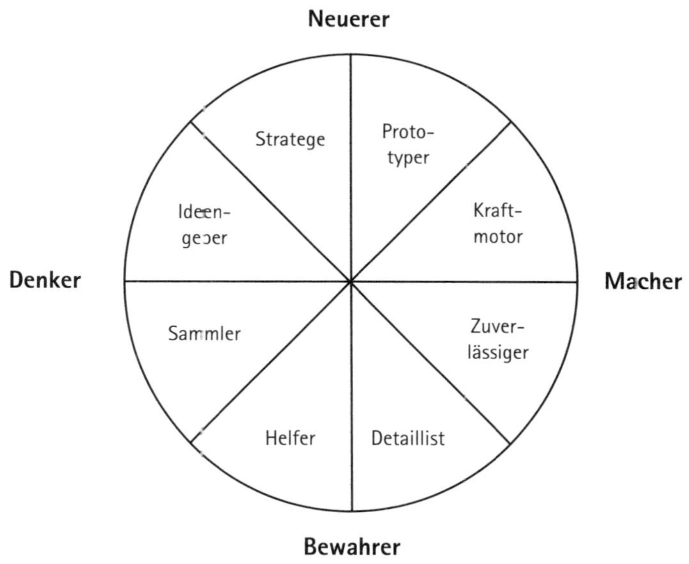

Teamtypologien

Ausprägungen sind unterschiedlich stark

Die meisten Menschen vereinen mehrere dieser Typologien in unterschiedlich starker Ausprägung in sich. Dadurch sind sie in der Lage, je nach Situation die eine oder die andere Rolle einzunehmen. Die Frage ist natürlich auch, welche Rollen in der Gruppe schon besetzt sind, wie das eigene Engagement gesehen wird und wie die Rahmenbedingungen ausfallen. So kann es vorkommen, dass jemand zum Beispiel im Beruf ein „Neuerer" ist, wohingegen im Privatleben der „Bewahrer" dominiert.

Kienbaum Expertentipp: Typologien im Team

Als Führungskraft sollten Sie den Wert der unterschiedlichen Typologien erkennen und diese bei der Teamzusammenstellung so miteinander kombinieren, dass ein ausgewogenes Verhältnis aus Machen, Denken, Bewahren und Erneuern entstehen kann. Achten Sie darauf, dass möglichst viele dieser Verhaltensprototypen vorhanden sind, damit sich die Menschen untereinander tatsächlich ergänzen können. Synergie beruht auf Unterschiedlichkeit! Und vor allem auf der Erkenntnis, den anderen in seinem Anderssein zu benötigen.

Wählen Sie einen geeigneten Teamleader aus

Teamleiter muss Anforderungen einer Führungskraft erfüllen

Dieser Punkt erfordert besondere Aufmerksamkeit. Generell sollte diese Auswahl ebenso sorgfältig erfolgen wie die Personalauswahl für andere Positionen im Unternehmen.

Wie Sie den richtigen Teamleiter finden

Die Anforderungen an einen Teamleiter sind die gleichen wie an eine andere Führungskraft auch. Um die passende Person zu finden, eignen sich Interviews, Fragenbögen oder auch Assessment-Center (s. Seite 109).

Ein guter Teamleiter muss u. a.

- Ziele setzen,
- Aufgaben delegieren und kontrollieren,
- Tätigkeiten koordinieren,
- Bericht an die Führungskraft erstatten,
- Besprechungen moderieren und
- Konflikte lösen.

Welche Fähigkeiten er mitbringen muss

Mitglied und Leiter in einer Person

Zudem befindet sich der Teamleiter in einer Doppelrolle, die ein gewisses Konfliktpotenzial in sich birgt – er ist gleichzeitig „Chef" und Teammitglied. Neben den fachlichen Kenntnissen benötigt der Teamleiter vor allem soziale Fähigkeiten, um die Mitglieder sowohl ziel- als auch personenorientiert führen zu können. Die Herausforderung für den Teamleiter besteht darin, die richtige Balance zu finden, denn

- führt er zu zielorientiert, erreicht er anfangs vielleicht die angestrebten Ergebnisse, zerstört aber langfristig das Team;
- führt er zu personenorientiert, fühlen sich zwar die Teammitglieder wohl, aber die Ziele werden vernachlässigt.

Welche Regeln im Team selbst gelten

Einstellungen zum Team verändern sich

Ein Team ist kein starres Gebilde, das – einmal ins Leben gerufen – nach den immer gleichen Regeln funktioniert. Die Einstellung der einzelnen Mitglieder zu ihren Aufgaben oder zum Teamziel unterliegt ebenso Veränderungen wie das Verhältnis der jeweiligen Kollegen zueinander.

Welche Einstellung haben Ihre Teammitglieder?

Zu Beginn des Teambildungsprozesses sollte geklärt werden, welche Einstellung die einzelnen Mitglieder zur neuen Aufgabe haben – alle müssen an einem Strang ziehen, soll die Gruppe als Ganzes erfolgreich sein. Eine einfache Klassifizierung zeigt, wo die einzelnen Personen jeweils hinsichtlich ihrer Einstellung zur Aufgabe und hinsichtlich ihres Aktivierungsgrades stehen. Wichtig ist, vor allem die Aktiven ins Boot zu holen, sie geben im Team die Richtung vor.

	pro	**nicht festgelegt**	**contra**
aktiv	• Multiplikatoren • Change Agents • Innovatoren	• Distanziert-Engagierte	• Boykotteure • Dogmatiker
passiv	• Assistenten • Produzenten	• „träge“ Masse • Mitläufer	• Skeptiker • „Kopf in den Sand“

Die Einstellung zum Team ist entscheidend. Schon einzelne unkooperative Mitglieder können das gesamte Vorhaben an den Rand des Scheiterns bringen.

Erkennen und steuern Sie Entwicklungen im Team

Für eine Führungskraft ist es wichtig, zu wissen, welche Prozesse gerade im Team ablaufen. Nur so ist sie in der Lage, entsprechend zu reagieren und einzugreifen, wenn sich unerwünschte Tendenzen einstellen. Typischerweise verläuft die Entwicklung eines Teams in vier Phasen.

Vier Phasen der Teamentwicklung

1. *Forming*: Im ersten Abschnitt bildet sich das Team, die Führungskraft bestimmt, welche Kollegen mitarbeiten und wer zum Teamleiter ernannt wird. Anschließend werden der Auftrag festgelegt, die Teamziele abgeleitet und die Ressourcen zugewiesen. In dieser Phase herrschen sowohl Neugier als auch Unsicherheit.
2. *Storming*: In der zweiten Phase tragen die Teammitglieder offene und verdeckte Konflikte aus. Jeder versucht, sich in der Gruppe zu positionieren, Cliquen bilden sich. Oft tritt auch Furcht vor dem eigenen Versagen oder dem der gesamten Gruppe auf. Die Mitglieder haben häufig das Gefühl, dass die Arbeiten und Veränderungen zu langsam oder zu schnell vorankommen. Im letzten Fall haben sie Angst, nicht mehr mitzukommen und den Anschluss zu verlieren.
3. *Norming*: Der Sturm der zweiten Phase legt sich, feste Rollen- und Aufgabenverteilungen entstehen. Die Teammitglieder respektieren sich gegenseitig in ihren Ansichten und Fähigkeiten, auch die Umstände werden nun akzeptiert. Das für Teams so wichtige Wir-Gefühl stellt sich allmählich ein und das Vertrauen in die anderen sowie zu sich selbst wächst.
4. *Performing*: Ab jetzt kann das Team seine Stärken endlich ausspielen. Die ideenreiche, flexible Arbeitsweise führt zu seiner Aufgabenerfüllung, die alle zufrieden stellt. Das erstarkte Wir-Gefühl zeigt sich in einem offenen und kollegialen Klima. Die Mitglieder identifizieren sich mit dem Team, die eigenen Ziele gehen in den Teamzielen auf. Sie sind stolz auf sich und die Teamleistung.

Unterstützen Sie positive Tendenzen

Möglichkeiten, den Prozess zu steuern

Führungskräfte haben in jeder Phase des Teambildungsprozesses Möglichkeiten, um steuernd einzugreifen.

- In der Forming-Phase gilt es, die vorhandene Neugier bei den Mitarbeitern auszunutzen. Der Vorgesetzte sollte den Nutzen und Zielsetzung der neuen Aufgabe bzw. des Projekts für jeden einzelnen Mitarbeiter herausstellen.

- In der unruhigen Storming-Phase können Teambuildingmaßnahmen helfen, auftretende Konflikte möglichst bald aus der Welt zu schaffen. In Gesprächen wird immer wieder thematisiert, dass das Teamziel nur gemeinsam erreicht werden kann. Ängstliche Teammitglieder lassen sich beruhigen, indem die Führungskraft ihnen verdeutlicht, welche besonderen Qualitäten dazu geführt haben, dass sie in das Team aufgenommen wurden.
- In der Norming-Phase sollte das Augenmerk auf jenen Vorgängen im Team liegen, die bereits sehr gut laufen. So werden gewünschte Verhaltensweisen allmählich selbstverständlich. Wichtig ist in diesem Abschnitt vor allem, dass Kompetenzen und Aufgaben klar und eindeutig verteilt werden, damit es später nicht zu Zuständigkeitsstreitigkeiten kommt. Auch die Ziele des Auftrags müssen deutlich herausgestellt werden.
- In der Performing-Phase funktioniert das Team weitgehend aus sich selbst heraus. Die Aufgabe der Führungskraft ist nun, für perfekte Rahmenbedingungen zu sorgen, d. h. ausreichend Ressourcen zur Verfügung zu stellen und den Teammitgliedern den Rücken frei zu halten. Gewünschtes Verhalten gilt es, über Verstärkungen zu manifestieren.

Wann Sie von Teamarbeit besser absehen sollten

Konflikte sind normal

Auseinandersetzungen in Team sind völlig normal. Immerhin arbeiten hier teilweise sehr verschiedene Menschen an einem gemeinsamen Ziel – es ist nur natürlich, dass dabei unterschiedliche Vorstellungen aufeinanderprallen. Streitigkeiten lassen sich in der Regel durch ein ausgefeiltes Konfliktmanagement in den Griff bekommen. Es gibt allerdings einige Faktoren, die gegen die Bildung von Teams sprechen, weil hier das Konfliktpotenzial zu groß ist. So sind Probleme vorprogrammiert, wenn die organisatorischen Voraussetzungen für Teamarbeit nicht gegeben sind, etwa weil starre Strukturen vorherrschen oder Hierarchien die Arbeit von Teams behindern. Oft ist auch der Aufwand für Planung, Koordination und Dokumentation in Verhältnis zum Nutzen zu hoch.

Zudem haben Teams es in Unternehmen schwer, in denen die Unternehmensleitung nicht zur Übernahme von Verantwortung ermutigt und eine Kultur der Absicherung und Rechtfertigung vorherrscht.

Checkliste für die Teamführung	
	✓
Ich nehme eine detaillierte Aufgabenanalyse und Zielformulierung vor.	
Ich wähle Teammitglieder aus, die sich ergänzen.	
Das Team, das ich bilde, ist kein Pseudo-Team oder zu homogen.	
Ich achte darauf, dass das Team nicht zu groß wird.	
Ich treffe eine sorgfältige Auswahl des Teamleiters.	
Ich grenze die Kompetenzen klar voneinander ab.	
Ich stärke durch verschiedene Maßnahmen das Wir-Gefühl im Team.	
Ich stelle Regeln für das Konfliktmanagement auf.	
Ich plane ausreichend Zeit für Teamprozesse ein.	

Kienbaum Kompetenztest: Wie spät ist es in Ihrem Team?

Um zu verdeutlichen, in welchen Stadium der Entwicklung sich ein Team befindet, eignet sich die Teamentwicklungsuhr. Tragen Sie in die unten stehende Grafik den Stand Ihres Teams ein. Ergänzen Sie, welche Herausforderungen anstehen und wie Sie diesen begegnen wollen..

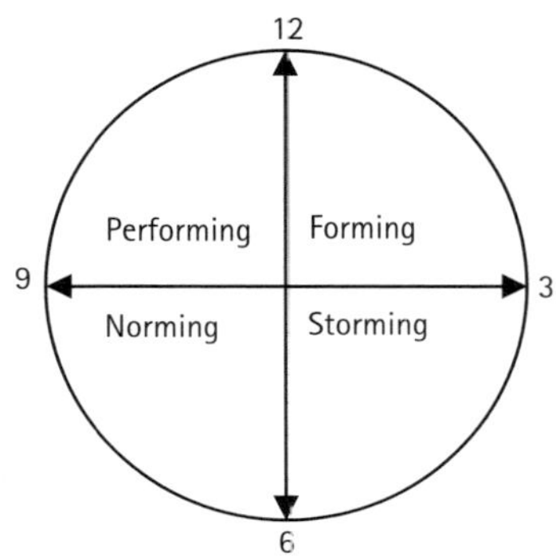

Gegenwärtige Herausforderung:

- ______________________
- ______________________
- ______________________
- ______________________
- ______________________

Notwendige Unterstützung:

- ______________________
- ______________________
- ______________________
- ______________________
- ______________________

2.3 Wie Sie effiziente Meetings abhalten

Die Mitarbeiter auf dem Laufenden zu halten, mit ihnen zusammen an Problemen und entsprechenden Lösungen zu arbeiten sowie gemeinsam Vereinbarungen zu treffen, gehört zu den Kernaufgaben einer Führungskraft. In einem Meeting lassen sich alle diese Punkte bearbeiten.

Effizienz der Meetings ist Aufgabe der Führungskraft

Allerdings können Meetings auch ungeheure Zeitfresser sein - Besprechungen, die im Nachhinein weder produktiv noch sinnvoll erscheinen. Es liegt in der Hand der Führungskraft, dies zu verhindern.

Wann Sie ein Meeting einberufen sollten

Besprechungen sind in vielen Unternehmen unbeliebt, weil viele Kollegen sie als überflüssig empfinden. Oft haben sie den Eindruck, dass dabei nur Sachverhalte zur Sprache kommen, die sie und ihre Tätigkeit nicht betreffen, oder dass Probleme gewälzt werden, die sich in einem kleineren Rahmen viel leichter lösen ließen. Häufig entsteht auch das Gefühl, dass die Meinung der Mitarbeiter ohnehin nicht wirklich gefragt ist, sondern sie nur zum „Abnicken" vorgeladen wurden. Dann erscheinen Meetings als Zeitverschwendung – in der Zwischenzeit hätte jeder lieber an einer anderen Aufgabe weitergearbeitet.

Ist das Meeting notwendig?

Viele Probleme lassen sich auch ohne Meetings lösen. Bevor eine Führungskraft also ein Treffen einberuft, sollte sie sich überlegen, ob es tatsächlich sinnvoll ist.

Wann ist ein Meeting sinnvoll?

- Ist es möglich, das Meeting eventuell durch Einzelgespräche oder auch durch eine schriftliche Kommunikation zu ersetzen? Für solche Lösungen spricht auch der Kosten-Nutzen-Aspekt.
- Ist das Thema überhaupt für ein Meeting geeignet?
- Gilt es, Entscheidungen personeller oder technischer Art zu treffen, über die die Beteiligten unbedingt im Vorfeld informiert werden müssen?

- Ist die Führungskraft womöglich befugt, allein zu entscheiden, z. B. nach einer Grundsatzentscheidung der oberen Führungsebene?
- Handelt es sich um eine Routinebesprechung, deren Turnus möglicherweise nicht mehr sinnvoll ist?

Kienbaum Expertentipp: Sinnfrage stellen

Generell ist es sinnvoll, wenn Sie sich bei jedem Meeting, das Sie einberufen wollen, zunächst die Sinnfrage stellen: „Was geschieht, wenn dieses Meeting ausfällt?" Wenn Sie hier keine stichhaltige Antwort finden, sollte die Besprechung kritisch hinterfragt werden.

Diese Meetingformen sollten Sie kennen

Informations- und Problemlösemeetings

Um alle Termine und Aufgaben im Blick und im Griff zu behalten, ist es sinnvoll, alle zwei bis vier Wochen eine Teambesprechung einzuberufen. Dabei werden nicht nur die Informationsströme in Gang gehalten, die vorgestellten Fortschritte und Erfolge motivieren zudem das ganze Team. Grundsätzlich lassen sich Informations- und Problemlösemeetings unterscheiden:

- *Informationsmeetings* müssen nicht lange dauern. Hier geht es in erster Linie darum, ein bestehendes Wissensdefizit bei den Mitarbeitern zu verringern. Themen sind z. B. abteilungsinterne Veränderungen, neue Produkte oder Fortschritte in der Zielerreichung. Es kann auch zu einem Gedanken- und Meinungsaustausch zu bestimmten Fragen kommen.
- *Problemlösemeetings* dagegen kreisen – wie der Name schon sagt – um ein Problem, für das eine Lösung gesucht wird. Um hier zum Ziel zu gelangen, empfiehlt sich ein planvolles Vorgehen aus
  - Problemdefinition,
  - Lösungssuche,
  - Bewertung der möglichen Lösungswege und Auswahl der günstigsten Lösung sowie
  - Erstellung und Verabschiedung eines Aktionsplans.

Was Sie sich im Vorfeld überlegen sollten

Eine Besprechung kann nur dann zum Erfolg führen, wenn die Vorbereitung stimmt. Die wichtigste Frage, aus der sich alle weiteren Faktoren ableiten, ist die nach dem Ziel des Meetings. Dabei gilt: Je genauer der Meetingleiter schon im Vorfeld darüber nachdenkt, was er eigentlich erreichen will, desto effektiver wird die Besprechung letztlich ablaufen.

Überlegungen im Vorfeld eines Meetings

Checkliste: Fragen zur Zielformulierung von Meetings	
	✓
Was ist mein Hauptziel?	
Welche Punkte müssen im Meeting zur Sprache kommen?	
Welche Entscheidungen müssen getroffen werden?	
Was muss ich erreichen?	
Was will ich vermeiden?	
Wo liegen mögliche Konflikte?	
Wie ist der Informations- und Wissensstand der Teilnehmer?	
Welche Informationen brauchen die Teilnehmer?	

Aus der Zielformulierung ergeben sich die weiteren Punkte: Wie sieht die Agenda aus, um welche Art Meeting handelt es sich und welcher Zeitrahmen inklusive Pausen ist realistisch?

Zielformulierung führt zur Agenda

Wer soll am Meeting teilnehmen?

Im nächsten Schritt geht es dann darum, wie viele Kollegen am Meeting teilnehmen sollen und wer konkret eingeladen wird. Diese Personen erhalten dann die Information über Inhalt, Ort und Zeit mit Endtermin. Auch bei der Auswahl der Meetingteilnehmer bietet sich die Verwendung einer Checkliste an.

Vorbereitende Fragen	ja	nein
Hat jeder Teilnehmer eine dem Besprechungsziel dienende Funktion?		
Weiß jeder Teilnehmer über die an ihn gestellten Erwartungen Bescheid?		
Bringen die Teilnehmer unterschiedliche Sichtweisen auf das Thema ein?		
Nehmen nur Mitarbeiter teil, die selbst von der Besprechung profitieren oder einen Beitrag zur Zielereichung leisten können?		
Können die Teilnehmer Beschlüsse und Entscheidungen umsetzen?		
Werden mit den geladenen Teilnehmern die Probleme diskutiert und nicht zerredet?		
Lässt sich ein Besprechungstermin finden, zu dem sich alle freimachen können?		

Benötigtes Material nicht vergessen

Material, dass im Meeting selbst zum Einsatz kommt, muss ebenfalls vorbereitet und die Inhalte auf geeignete Weise visualisiert werden.

Kienbaum Expertentipp: Meetingkultur

Die Berater von Kienbaum machen immer wieder die Erfahrung, dass Teilnehmer es als besonders störend empfinden, wenn die Gruppe vom Thema abkommt oder das Zusammentreffen nicht gut vorbereitet ist. Eine strukturierte und gewichtete Tagesordnung wirkt dem entgegen und sorgt dafür, dass die Ressourcen Ihrer Mitarbeiter nicht verschwendet werden. Für ein reguläres Meeting genügen häufig 75 Minuten, um die Tagesordnung abzuarbeiten. Vergessen Sie nicht, den Teilnehmern die Agenda rechtzeitig vorab zukommen zu lassen.

Wann kommt welches Thema?

Meeting sollte eine Dramaturgie aufweisen

Um die Teilnehmer während des Meetings „bei der Stange" zu halten, sollte die Agenda eine gewisse Dramaturgie aufweisen. An den Beginn und an das Ende gehören Punkte, die „Quick-Wins" für die Beteiligten versprechen und gleichzeitig möglichst viele Mitarbeiter einbinden. Schwierige und komplexe Themen gehören in die Mitte. So gelingt es, die Mitarbeiter nach einem leichten Beginn auch gedanklich von ihren Schreibtischen wegzuholen und ihre Aufmerksamkeit zu gewinnen. Die Konzentration ist dann am größten und lässt sich für die „harte Arbeit" nutzen. Außerdem sorgt ein solcher Ablauf anfangs für Erfolgserlebnisse sowie gute Stimmung in der Runde und am Ende ist ein positiver Ausklang sichergestellt.

Ein Formalar für eine Agenda finden Sie im Anhang auf Seite 182

Moderieren Sie Meetings kreativ

Häufig machen Führungskräfte den Fehler, dass sie Meetings nur zur reinen Informationsweitergabe nutzen. Das führt dann zum schon erwähnten Effekt, dass die Teilnehmern Beschlüsse nicht gestalten und mittragen, sondern lediglich zur Kenntnis nehmen. Außerdem stimmt in diesen Fällen die Kosten-Nutzen-Relation nicht: Informationen lassen sich problemlos auch per Memos, Telefon, Fax oder E-Mails weitergeben. Sinn eines Meetings ist es dagegen, die Mitarbeiter in die Erarbeitung von Lösungen einzubinden. Mit dem Einsatz der richtigen Techniken ist das auch leicht zu bewerkstelligen.

Teilnehmer zur Mitarbeiter anregen

Über die Kartenabfrage zum Thema

Um den Einstieg in das Meetingthema zu gestalten und alle Anwesenden gleich zu Beginn einzubinden, empfiehlt sich die Methode der Kartenabfrage. Dabei erhält jeder Teilnehmer einen Satz Karten, maximal fünf. Anschließend wirft der Moderator eine Frage in den Raum, z. B. „Wie können wir unseren Service verbessern?“, und bittet darum, dass jeder seine Vorschläge notiert, pro Idee eine Karte. Die abgegebenen Karten sammelt er an einer Pinn- bzw. Metaplanwand. Der Vorteil ist, dass die unterschiedlichen Lösungsansätze so leicht gruppiert und im Verlauf der Sitzung schnell umsortiert werden können.

Lösungsvorschläge lassen sich leicht gruppieren

Kienbaum Expertentipp: Ausgangsfrage sichtbar machen

Notieren Sie Ihre Frage auf einem Flipchart oder einer Tafel, damit sie während der Bearbeitungsphase für alle jederzeit sichtbar ist. Achten Sie darauf, dass sie offen, unmissverständlich und nicht wertend formuliert ist.

Schwierige Probleme lösen mit der Mind-Map-Methode

Mit der Mind-Map-Methode lassen sich auch komplexe Probleme in den Griff bekommen. Dazu zieht der Moderator auf einem ausreichend großen Blatt einen Kreis und schreibt das Thema hinein. Die Hauptstichpunkte fügt er als Äste an, die sich dann immer weiter im Detail verzweigen. Zahlen und Häkchen dienen dazu, Erledigungsgrade und Bearbeitungsreihenfolgen zu kennzeichnen.

Beispiel: Mind-Map

Ludwig Huber ist Kundenberater in einem mittelständischen Unternehmen. Er möchte sein Klientenmanagement verbessern und erstellt in einem ersten Schritt über die Mind-Map-Methode eine Übersicht.

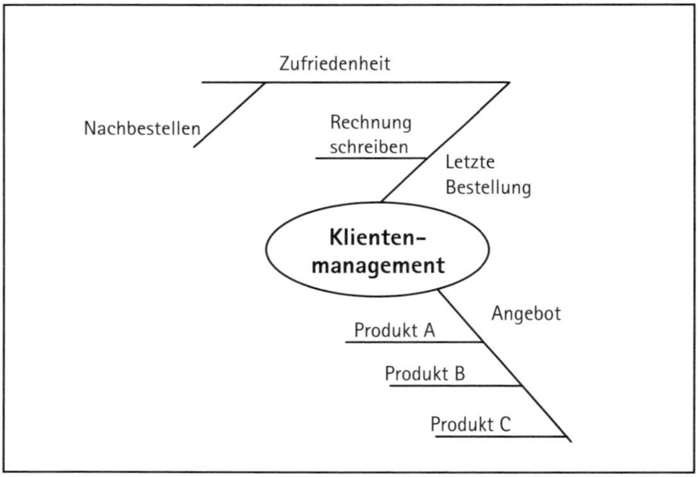

Galerie-Methode hilft, Ideen zu konkretisieren

Bestehende Ideen weiterentwickeln

Die sogenannte Galerie-Methode eignet sich sehr gut, um bestehende Lösungsansätze weiter auszubauen. Jeder Problembereich wird mit den zugehörigen Ansätzen auf einem Flipchart aufgeführt. Dann „spazieren" die Teilnehmer von Chart zu Chart – wie in einer Galerie von Bild zu Bild – und notieren ihre Kritik, Anregungen und die weitergehenden Lösungsideen zum jeweiligen Thema. Im Anschluss werden die Notizen ausgewertet.

Brainstorming bringt viele neue Gedanken

Die Methode des Brainstormings ist vielen bereits bekannt. Dabei ist „kreatives Spinnen" gefragt, denn Querdenken und die Entwicklung ungewöhnlicher Lösungsansätze sind die Voraussetzungen dafür, dass diese Methode zum Erfolg führt. Der Moderator stellt eine Frage und die Teilnehmer antworten ganz spontan darauf. Die wichtigste Regel lautet: Während dieser Storming-Phase ist es verboten, einen Beitrag zu kritisieren. So entsteht ein Ideenpool, der in der anschließenden Phase Ansatz für Ansatz durchgegangen wird. Entscheidend ist, dass jeder ausreden kann, keine Wertungen vorgenommen werden und es damit auch keine „richtigen" oder „falschen", keine „guten" oder „schlechten" Ideen gibt.

Aktivierung für zurückhaltende Teilnehmer

Um auch schüchterne Mitarbeiter dazu zu bringen, ihre Meinung kundzutun, eignet sich die schriftliche Variante des Brainstormings, das Brainwriting. Jeder Teilnehmer erhält dabei ein Formular, auf dem die Aufgabe aufgeführt ist. Darauf schreibt er drei mögliche Lösungen. Nach fünf Minuten reicht er das Blatt an seinen Nachbarn weiter, der die drei vorhandenen Ansätze weiterentwickelt. Dieser Vorgang wird noch zwei weitere Male wiederholt. Die in verschiedenen Schritten entwickelten Ansätze werden von den Teilnehmern besprochen.

Schriftliche Variante des Brainstormings

Brainwriting-Formular

	Lösungsansatz 1	Lösungsansatz 2	Lösungsansatz 3
Teilnehmer 1			
Teilnehmer 2			
Teilnehmer 3			
...			
...			
...			

Auf Seite 184 haben wir für Sie ein Brainwriting-Formular als Kopiervorlage vorbereitet

Beispiel: Brainwriting

Die Schreiber GmbH hat kürzlich eine Kundenumfrage veranstaltet, mit dem Ziel, die Kundenzufriedenheit zu messen. Dabei hat vor allem der Kundenservice sehr schlechte Noten erhalten. Er sei schlecht erreichbar, Rückrufe blieben aus und die Auskünfte hätten sich oft als fehlerhaft erwiesen, so die Meinung der Kunden. Der Leiter der Abteilung Kundenservice, Alfred Franke, hat ein Meeting mit seinen Mitarbeitern einberufen, um möglichst schnell Abhilfe zu schaffen. Um erst einmal viele Idee zu sammeln, verteilt er ein Brainwriting-Formular an seine Mitarbeiter Frau Huber, Herrn Maron und Herrn Lettland. Das Formular, das seinen Anfang bei Frau Huber nimmt, sieht am Ende so aus:

Frage: Mit welchen Maßnahmen können wir die Qualität unseres Kundenservices verbessern?			
	Lösungsansatz1	Lösungsansatz 2	Lösungsansatz 3
Huber	Schulungen zu den neuen Produkten	Ausdehnung der Zeiten, zu denen der Kundenservice telefonisch erreichbar ist.	Entlastung des Kundenservice von Anfragen, die Lieferungen betreffen, z. B. durch eigene Hotline oder Call Center
Maron	Produktmuster sollten im Kundenservice vorhanden sein	Einrichten eines „Call-Back"-Buttons im Internet	Möglichkeit einrichten, dass Kunden den Stand Ihres Auftrags auch im Internet abfragen können
Lettland	Schwierigkeiten bei Lieferung oder Produktion von Neuprodukten müssen schneller mitgeteilt werden	Mehr Mitarbeiter für den Telefondienst	Aktives Mitteilen des jeweiligen Lieferstandes an den Kunden, z. B. per E-Mail

Bereiten Sie das Meeting nach

Eine Vorlage für ein Protokoll an alle Teilnehmer finden Sie auf Seite 183

Die Nachbereitung einer Besprechung ist ebenso wichtig wie die Vorbereitung. Alle Teilnehmer erhalten ein Ergebnisprotokoll, in dem die Beschlüsse und die To-dos des Meetings festgehalten sind. Außerdem sollte der Moderator die Veranstaltung noch einmal Revue passieren lassen: Was ist gut gelaufen, was weniger gut? Das hilft, beim nächsten Mal Fehler zu vermeiden und liefert Anregungen für künftige Meetings.

3 Wie Sie Mitarbeiter beurteilen, fördern und binden

Mitarbeiter als Erfolgsfaktoren

Wer die Aussage, Mitarbeiter seien die wichtigsten Erfolgsfaktoren eines Unternehmens, ernst nimmt, muss sich entsprechend darum kümmern, die besten Mitarbeiter zu finden, ihre Leistungen einzuschätzen, ihnen die optimalen Möglichkeiten zu bieten und sie langfristig an das Unternehmen zu binden.

Um dies zu erreichen, greifen Unternehmen auf etablierte Instrumente zurück. Dazu gehört, dass Führungskräfte den Austausch mit den Mitarbeitern suchen, in der Regel geschieht dies in Form von Mitarbeitergesprächen. Hier klären beide die gegenseitigen Erwartungen und geben sich Rückmeldung über vergangene Vorkommnisse.

Auch die Beurteilung ihrer Mitarbeiter gehört zu den Aufgaben des Unternehmens sowie der Führungskräfte – nur so kann das Unternehmen erfassen, welche Kompetenzen der Mitarbeiter als Einzelner besitzt und welches Portfolio die Belegschaft als Ganzes präsentiert. Die Beurteilung stellt die Grundlage dar, um Mitarbeiter gezielt entwickeln zu können.

3.1 Mitarbeitergespräche kompetent und sicher führen

Vom partnerschaftlichen Dialog profitieren alle

Wie erreicht es eine Führungskraft, dass ihre Mitarbeiter motiviert an der Erreichung der gesteckten Ziele arbeiten? Die Unternehmen haben inzwischen erkannt, dass reine Vorgaben das Mitarbeiterverhalten nicht unbedingt positiv beeinflussen. Sehr viel wirksamer ist ein sogenannter partnerschaftlicher Dialog, von dem alle Beteiligten profitieren, der aber letztlich an den Unternehmenszielen ausgerichtet ist.

Zur ziel- und ergebnisorientierten Steuerung haben sich Führungsinstrumente wie z. B. das Mitarbeitergespräch etabliert. Der Austausch zwischen Vorgesetztem und Mitarbeiter über die individuellen Leistungsziele und -ergebnisse, die aktuelle Arbeitssituation und die Entwicklungsmöglichkeiten des Mitarbeiters trägt entscheidend zur guten Zusammenarbeit, zum Arbeitserfolg und damit zum Führungserfolg bei.

Das Mitarbeitergespräch

Ziele des Mitarbeitergesprächs

Das Mitarbeitergespräch hat zwei Ziele. Zum einen dient es dazu, dem Mitarbeiter eine Orientierung zu seiner weiteren beruflichen und fachlichen Entwicklung zu geben, zum anderen thematisiert es die gegenseitigen Erwartungen sowie die Zusammenarbeit und die Leistungen des Mitarbeiters.

Was ist Gegenstand eines Mitarbeitergesprächs?

Es ist die Basis für eine gegenseitige Rückmeldung zwischen Mitarbeiter und Führungskraft über:

- Erfolge und Probleme am Arbeitsplatz,
- Leistung und Arbeitsverhalten,
- Arbeits- und Entwicklungsziele,
- berufliche Entwicklungsperspektiven sowie
- Qualifizierungs- und Fördermaßnahmen

Mitarbeitergespräche können entweder institutionalisiert zu bestimmten Zeitpunkten erfolgen, z. B. als Förder- oder Jahresgespräch, oder aber zu bestimmten Anlässen, etwa als

- Feedbackgespräch,
- Zielgespräch bzw. Zielvereinbarungsgespräch oder
- Mitarbeiterbeurteilungsgespräch.

Was kann ein Mitarbeitergespräch leisten?

Mitarbeitergespräche verbessern die Kommunikation

Mitarbeitergespräche verbessern die Kommunikation zwischen Mitarbeitern und Vorgesetzten. Das institutionalisierte Feedback sorgt dafür, dass es im Arbeitsalltag weniger Abstimmungsschleifen gibt, „man versteht sich“. Die Folge ist eine erhöhte Produktivität.

Beispiel: Positive Auswirkung eines Mitarbeitergesprächs

Eine neue Mitarbeiterin bearbeitet Kundenanfragen anders, als es im Unternehmen vom Prozessablauf her üblich ist. Ihre Führungskraft spricht dies im Rahmen eines Feedbackgesprächs an und erläutert den Standardprozess. Darüber hinaus erfährt die Mitarbeiterin, warum das Unternehmen diesen Ablauf gewählt hat und welche Folgen ein Abweichen haben kann: z.B., dass eine Anfrage zu spät bearbeitet wird, da sie im Vorfeld nicht richtig zugeordnet werden konnte und der Kunde so verärgert reagiert.

Die Mitarbeiterin kennt und versteht den Prozess, wird ihn im Weiteren entsprechend des Standards durchführen und damit einen reibungslosen Ablauf gewährleisten.

Der Nutzen eines Mitarbeitergesprächs

Was bringt ein Mitarbeitergespräch?

- Die Rückmeldung der Führungskraft unterstützt den Mitarbeiter darin, sein methodisches Vorgehen zu verbessern. Er kann sich optimal entwickeln.
- Beide Gesprächspartner lernen auch, das Verhalten, die Leistung und die Erwartungen des jeweils anderen besser einzuschätzen.
- Die Führungskraft erkennt die Kompetenzen und Potenziale des Mitarbeiters und kann ihn durch die Übertragung anspruchsvoller Aufgaben in seiner Weiterentwicklung unterstützen.
- Die Unternehmens- und Feedbackkultur wird gefördert.
- Die Übertragung von anspruchsvollen, aber nicht überfordernden Aufgaben wird gesichert.

Aufgaben einer Führungskraft im Mitarbeitergespräch

Führungskraft hat verschiedene Rollen

Im Mitarbeitergespräch übernimmt die Führungskraft mehrere Rollen. Sie ist Initiator, Moderator, Beteiligter, Impulsgeber und Entscheider. Das macht deutlich, wie anspruchsvoll die Aufgabe und wie schwierig die Durchführung ist.

Balance zwischen Dialog und Abschluss finden

Eine besondere Schwierigkeit besteht darin, dass der Vorgesetzte im Gespräch die richtige Balance zwischen kooperativem Dialog und Abschlussstärke finden muss. Immer wieder lässt sich beobachten, dass insbesondere unerfahrene Führungskräfte, die im normalen

Tagesgeschäft die kooperative Führung praktizieren, im Mitarbeitergespräch plötzlich ein unangemessen dominantes Verhalten an den Tag legen. Oft zeigen sich diese Personen ebenso überrascht über diese Reaktionen wie der Mitarbeiter. Werden sie dann gefragt, warum sie so reagiert haben, kommt als Antwort: „Ich hatte das Gefühl, die Kontrolle zu verlieren."

Kienbaum Expertentipp: Gute Vorbereitung

Es ist sehr viel Übung erforderlich, um allen Rollenanforderungen gerecht zu werden. Wer sich gut vorbereitet und das Gespräch sorgfältig plant, gewinnt Sicherheit und beugt so unangemessenem und unproduktivem Verhalten vor.

Ihre Aufgaben im Mitarbeitergespräch

Führungskraft leitet und steuert das Gespräch

In einem Mitarbeitergespräch hat die Führungskraft die Aufgabe,

- die Gesprächsziele festzulegen,
- eine produktive Atmosphäre zu schaffen,
- dem Mitarbeiter wichtige Informationen zu geben: Welche Informationen dies jeweils sind, variiert je nach Mitarbeitergespräch; im Mitarbeiterbeurteilungsgespräch ist dies u. a. die Kompetenzeinschätzung,
- das Gespräch zu strukturieren und zu leiten,
- den Mitarbeiter nach seiner eigenen Einschätzung, z. B. zur Zielvereinbarung oder zu seinen eigenen Kompetenzen, zu fragen,
- als Führungskraft selbst eine Einschätzung abzugeben,
- Handlungsempfehlungen und -erwartungen zu formulieren,
- Vorschläge zu unterbreiten,
- die Inhalte und Ergebnisse zusammenzufassen sowie
- Ziele festzulegen und festzuhalten.

Die Phasen des Mitarbeitergesprächs

Je nachdem, um welche Art Mitarbeitergespräch es sich handelt, also um z. B. ein Kritik- oder Zielvereinbarungsgespräch unterscheiden sich Ziele und Inhalte. In der Praxis hat sich aber ein geordnetes Vorgehen bewährt.

Laden Sie zum Mitarbeitergespräch ein

Termin sollte persönlich vereinbart werden

Das Mitarbeitergespräch sollte nicht „spontan", sondern zu einem angekündigten, gemeinsam vereinbarten Termin stattfinden. In der Regel ruft die Führungskraft das Treffen ein. Indem sie die Vereinbarung persönlich – entweder kurz unter vier Augen oder telefonisch – vornimmt, unterstreicht sie die Bedeutung. Dagegen sollte sie auf unpersönliche Einladungen per E-Mail, Brief oder über Dritte verzichten.

Damit das Gespräch zielgerichtet geführt werden kann, sollte die Führungskraft dem Mitarbeiter bereits bei der Einladung Zweck und Inhalt des Gesprächs erklären und ihn bitten, sich im Vorfeld eigene Gedanken zu machen. Meist stellen die Personalabteilungen standardisierte Checklisten oder Leitfäden für Zielvereinbarungsgespräche zur Verfügung. Zumindest aber liegen Formulare vor, auf denen die Zielvereinbarungen festgehalten werden (s. Seite 165ff.). Diese Unterlagen können dem Mitarbeiter helfen, sich strukturiert vorzubereiten und seine Einschätzungen und Vorstellungen einzubringen.

Agenda hilft dem Mitarbeiter, sich vorzubereiten

Nach der persönlichen Einladung sollte der Mitarbeiter ein Bestätigungsschreiben mit einer Agenda und einem entsprechend strukturierten Gesprächsformular erhalten. Diese Bestätigung des Termins und Übersendung der entsprechenden Informationen kann z. B. per E-Mail erfolgen. Neben der Anfangs- sollte die Führungskraft auch die Endzeit im Voraus mit dem Mitarbeiter vereinbaren. Dabei ist es sinnvoll, die benötigte Zeit großzügig zu bemessen, d. h. lieber etwas mehr Zeit einzuplanen.

Checkliste zum Mitarbeitergespräch	
	✓
• Welche Funktion soll das Gespräch haben (z. B. Kritikgespräch, Motivationsgespräch)?	
• Was will ich erreichen?	
• Mit welchen Teilergebnissen wäre ich auch noch zufrieden?	
• Wie will ich vorgehen?	
• Habe ich alle notwendigen Informationen und Unterlagen (z. B. Anforderungsprofile, Projektunterlagen)?	
• Welche Erwartungen habe ich an den Mitarbeiter?	
• Welche Erwartungen könnte der Mitarbeiter an mich haben?	
• Welche Widerstände könnten auftreten?	
• Welche Struktur möchte ich dem Gespräch geben (genaue Struktur durch Oberpunkte festlegen, Gesprächsverlaufsplan erstellen)?	
• Bei welchen Themen muss ich mehr, an welchen weniger stark steuern?	
• Gibt es bestimmte Punkte, an denen spezielle Gesprächstechniken besonders hilfreich sind (z. B. offene Fragen, Ich-Botschaften)?	
• Wie sollen die Ergebnisse konkret aussehen?	
• Was wären Best-Case- und was Worst-Case-Ergebnisse?	
• Welche Projekte und Erfolge sind mir seit dem letzten Mitarbeitergespräch in besonders positiver Erinnerung?	
• Warum habe ich diese positiv bewertet?	
• Welche Projekte, Aufgaben hätten noch besser bewältigt werden können?	
• Wie hätte man zu besseren Ergebnissen kommen können?	
• Über welche besonderen Stärken verfügt der Mitarbeiter?	
• Wo liegen Entwicklungsfelder?	
• Wie funktioniert die Zusammenarbeit im Team bzw. im Bereich?	
• Was könnte der Mitarbeiter in der Zusammenarbeit mit der Führungskraft verbessern?	
• Wie könnte die Kooperation bzw. Unterstützung durch mich aus Sicht des Mitarbeiters verbessert werden?	
• Welche gemeinsamen Vereinbarungen sollen für die Zukunft getroffen werden?	

Kienbaum Kompetenztest: Vorbereitung auf das Gespräch

Wie Sie als Führungskräfte sich vorbereiten, ist für den Erfolg des Mitarbeitergesprächs besonders wichtig. Stellen Sie sich im Vorfeld die folgenden Fragen und schreiben Sie Ihre Antworten auf:

- Welche Ziele wollen Sie in diesem Gespräch verfolgen?
- Welche Themen wollen Sie ansprechen?
- Welche Einschätzungen möchten Sie erfragen?
- Welche Aspekte könnte Ihr Mitarbeiter ins Gespräch einbringen?
- Wo würden Sie gegebenenfalls Kompromisse eingehen und wie würden diese aussehen?
- Wo könnten Widerstände auftauchen? Wie würden Sie darauf reagieren?

Wo soll das Gespräch stattfinden?

Eine wichtige Frage ist, wo das Gespräch am besten stattfinden soll.

Neutraler Ort für das Mitarbeitergespräch

Kienbaum Expertentipp: Ort des Mitarbeitergesprächs

Wir meinen, dass das Gespräch nicht im Büro des Vorgesetzten geführt werden sollte. Die meisten Mitarbeiter werden dies als dominante Geste verstehen („Ich werde zum Chef zitiert."). Das sind keine guten Voraussetzungen für einen partnerschaftlichen Austausch.

Gut geeignet sind neutrale Orte wie etwa Besprechungszimmer. Erstens bleiben hier Störungen aus und zweitens erhält das Gespräch so den Stellenwert einer wichtigen Besprechung. Im Einzelfall kann es auch angebracht sein, den Termin im Büro des Mitarbeiters abzuhalten. Insbesondere bei Personen, die erfahrungsgemäß eher mit ängstlicher Zurückhaltung einem Mitarbeitergespräch entgegensehen, kann durch die Geste des „Heimvorteils" eine positivere Gesprächsatmosphäre geschaffen werden.

So läuft das Mitarbeitergespräch ab

Natürlich ist jedes Mitarbeitergespräch anders und es gilt, sich auf die herrschenden Rahmenbedingungen und das jeweilige Gegenüber einzustellen. Dennoch gibt es einige feste Bestandteile, die die Führungskraft berücksichtigen sollte.

Sorgen Sie für eine positive Atmosphäre

Offene Fragen schaffen positive Atmosphäre

Die Führungskraft ist Initiator. D. h., sie begrüßt den Mitarbeiter und sollte versuchen, eine positive Gesprächsatmosphäre herzustellen. Ein gutes Mittel dafür sind sogenannte „Eisbrecherfragen".

Kienbaum Expertentipp: Positive Atmosphäre schaffen

Erkundigen Sie sich ruhig auch einmal nach privaten Dingen (natürlich nicht nach solchen, die Sie nichts angehen). Sie signalisieren dem Mitarbeiter damit, dass Sie sich für ihn als Person interessieren. „Wie war denn Ihr Urlaub? Ich habe gehört, Sie waren in Australien?"; „Wie verlief Ihr Umzug?" Stellen Sie insbesondere offene Fragen, also Fragen, die der Mitarbeiter nicht nur mit „Ja" oder „Nein" beantworten kann. Wichtig ist, dass Sie sich nur nach Dingen erkundigen, die Sie wirklich interessieren. Wenn der Mitarbeiter das Gefühl hat, dass Sie an der Antwort gar nicht interessiert sind und nicht wirklich zuhören, verkehrt sich die positive Gesprächsatmosphäre schnell ins Gegenteil.

Außerdem sollte der Vorgesetzte dem Mitarbeiter einen Platz und gegebenenfalls Getränke anbieten. Was die Sitzanordnung betrifft, so platziert sich der Vorgesetzte am besten über Eck. So vermeidet er die frontale Sitzordnung mit dem Gegenüber und beugt dem Eindruck vor, es handele sich um ein „Zwei-Fronten-Gespräch". Damit fördert schon die Sitzordnung ein positives Gesprächsklima.

Erklären Sie die Rahmenbedingungen

Welchen Zweck hat das Gespräch?

Nachdem die Führungskraft eine positive Gesprächsatmosphäre geschaffen hat, leitet sie das eigentliche Mitarbeitergespräch ein. Zunächst erläutert sie den Zweck und das Ziel des Treffens und gibt an, wie lange das Gespräch voraussichtlich dauern wird. Sie erläutert die Struktur des Gesprächs anhand der Themen, die sie ansprechen möchte.

Im Anschluss erhält der Mitarbeiter die Gelegenheit, seine eigene Themen einzubringen. Diese sollten gegebenenfalls schriftlich in der Agenda ergänzt werden.

Die Führungskraft sollte sich im Verlauf des Dialogs an die im Vorfeld festgelegte Vorgehensweise und Struktur halten. Hier zeigt sich, wie gut sie sich auf das Gespräch vorbereitet hat.

Kommunikationsregeln für das Mitarbeitergespräch

Die Führungskraft sollte im Gespräch nicht nur die vorgesehenen Themen abarbeiten, sondern auch einige weitergehende Regeln in der Kommunikation beachten.

- Während des Gesprächs sollten die wichtigsten Punkte, Aussagen, Vereinbarungen notiert werden. Das hilft dabei, den Verlauf im Nachhinein besser nachzuvollziehen und zu dokumentieren. Darüber hinaus unterstreicht es das Interesse des Vorgesetzten am Gesagten und fördert damit eine wertschätzende Atmosphäre.
- Der Vorgesetzte sollte seinen Gesprächsanteil auf ein Minimum reduzieren. Das Mitarbeitergespräch heißt Mitarbeitergespräch, weil es um den Mitarbeiter geht und nicht um die Führungskraft. Als Faustregel gilt: ein Drittel eigener Gesprächsanteil, zwei Drittel Gesprächsanteil des Mitarbeiters. Eigene Aussagen sollte die Führungskraft vor allem als „Ich-Botschaften" formulieren. Damit drückt sie aus, dass es sich um ihre persönlichen Einschätzungen handelt. „Sie-Botschaften" wirken dagegen oft vorwurfsvoll auf den Gesprächspartner. Insbesondere wenn schwierige Themen anstehen, sind „Sie-Botschaften" tabu, um weitere Eskalationen zu verhindern.

Redeanteil sollte zu zwei Dritteln beim Mitarbeiter liegen

Beispiel: „Ich-Botschaften"

- „Ich hatte den Eindruck, dass Sie darüber verärgert waren."
- „Ich dachte, dass Sie damit dieses und jenes gemeint haben könnten."
- „Ich war sehr enttäuscht, dass Sie die Projektverantwortung nicht übernehmen wollen."

- Der Gesprächsanteil des Vorgesetzten sollte zum Großteil aus aktivem Nachfragen bestehen. Nach dem Motto „Wer fragt, führt" leitet er das Gespräch durch offene Fragen.

Durch offene Fragen das Gespräch steuern

Kienbaum Expertentipp: Offene Fragen

Offene Fragen kann der Mitarbeiter nicht einfach mit „Ja" oder „Nein" beantworten. Sie heißen auch W-Fragen, denn sie beginnen meist mit einem der klassischen Fragewörter: „Warum", „Weshalb", „Wie" etc..

- Der festgelegte, vereinbarte Gesprächsablauf sollte eingehalten werden – das gibt Sicherheit. Gerade für Führungskräfte, die noch nicht oft Mitarbeitergespräche geführt haben, ist es wichtig, dass sie sich durch eine gute Vorbereitung und das Einhalten des vorgegebenen Ablaufs möglichst sicher fühlen. Nur so können sie auch in schwierigen Situationen einen klaren Kopf behalten und vorausschauend agieren. Das verhindert eine emotionale und gegebenenfalls auch dominante Reaktion und damit eine Eskalation des Gesprächs.

Einschätzung des Gegenübers einholen

- Zunächst sollte die Führungskraft die Einschätzung des Mitarbeiters erfragen, bevor sie ihre eigene mitteilt. Dies hat den Vorteil, dass sie unmittelbar auf das eingehen kann, was der Mitarbeiter gesagt hat.
  Oft ist so auch das konstruktive Feedback einfacher, wenn der Vorgesetzte z. B. ein Fehlverhalten ansprechen will. Wenn er selbst die Situation benennt und den Mitarbeiter fragt, wie dieser selbst seine Reaktion oder sein Verhalten in dieser Situation einschätzt, entdeckt dieser oft eigene Fehler. Der Mitarbeiter ist im Folgenden offener für das konstruktive Feedback, wenn seine Führungskraft die eigenen Einschätzungen bestätigt. Umgekehrt – also wenn der Vorgesetzte zunächst von sich aus eine Einschätzung abgibt, bevor der Mitarbeiter sein Verhalten reflektiert – kommt es meist zu Abwehrreaktionen.

Wie gehen Sie mit unerwarteten Themen um?

Situationsspezifisch reagieren

Natürlich kann es trotz guter Vorbereitung und Einhaltung von Gesprächsleitfäden passieren, dass der Mitarbeiter unerwartete Aspekte oder Probleme nennt, die den Rahmen des Gesprächs sprengen würden. Dann ist es wichtig, den Mitarbeiter nicht zu überfahren bzw. das Thema abzublocken. Die Führungskraft sollte flexibel und situativ reagieren. So sollte der Mitarbeiter zunächst die Gelegenheit erhalten, den unerwarteten Aspekt bzw. das Problem kurz zu schildern – solche "Störungen" haben Vorrang. Wenn der Mitarbeiter die Sachlage soweit geschildert hat, dass der Vorgesetzte das Ausmaß einschätzen kann, muss er über das weitere Vorgehen entscheiden:

1. Erscheint ihm die neue Sachlage so schwerwiegend, dass sie dem eigentlichen Gesprächsanlass vorgezogen werden sollte, sollte sie dies offen ansprechen.

Beispiel: Änderung des Gesprächsablaufs

Frau Hoffmann ändert als Vorgesetzte spontan die Agenda, weil ihr Mitarbeiter ein zentrales Problem angesprochen hat. „Mit diesen Schwierigkeiten hatte ich nicht gerechnet. Es scheinen mir jedoch so schwerwiegende Probleme zu sein, dass wir diese Punkte jetzt klären sollten. Was meinen Sie dazu? Sollen wir dieses Thema vorziehen und unser Jahresgespräch zu einem anderen Zeitpunkt, vielleicht am kommenden Donnerstag fortführen?"

2. Ist der angesprochene Aspekt zwar wichtig, jedoch nicht vorrangig, sollte die Führungskraft versuchen, das Problem zu vertagen und das Mitarbeitergespräch fortzuführen. Dabei sollte der Vorgesetzte kurz erläutern, warum er so vorgeht, und einen Termin vereinbaren, zu dem das Thema besprochen werden kann.

Termin für Problemlösung anberaumen

Beispiel: Fortführung des Mitarbeitergesprächs

In einem anderen Fall beschließt Frau Hoffmann, das Mitarbeitergespräch fortzuführen: „Diesen Aspekt hatte ich gar nicht bedacht, aber ich würde das Thema gern vertiefen. Ich schlage vor, wir setzen uns zu einem anderen Termin zusammen, um die Sache zu besprechen. Was halten Sie davon?"

So schließen Sie das Gespräch ab

Ergebnisse zusammenfassen

Zum Schluss fasst die Führungskraft die angesprochenen und vereinbarten Punkte zusammen. Dabei ist es sinnvoll, nach dem festgelegten Gesprächsablauf vorzugehen und die wichtigsten Themen und Vereinbarungen zu wiederholen. Im Sinne des anzustrebenden kooperativen Dialogs sollte sich der Vorgesetzte beim Mitarbeiter rückversichern, dass dieser dem Resümee zustimmt. Eventuelle Unstimmigkeiten können an dieser Stelle kurz besprochen und geklärt werden. Dann erläutert die Führungskraft das weitere Vorgehen und legt – am besten schriftlich – schon weitere Termine, Abstimmungsgespräche und Meilensteine fest.

Die Führungskraft sollte das Gespräch mit motivierenden Worten beenden. Nachdem das eigentliche Mitarbeitergespräch abgeschlossen ist, spricht nichts gegen eine „kleine Plauderei", die den Dialog in entspannter Atmosphäre ausklingen lässt.

Leiten Sie dem Mitarbeiter ein Protokoll zu

Protokoll an die Gesprächsteilnehmer

Damit der Mitarbeiter das Gespräch und eventuelle Vereinbarungen nachvollziehen kann, erhält er im Nachgang ein Gesprächsprotokoll. Dies sollten sowohl Vorgesetzter als auch Arbeitnehmer abzeichnen, um die Vereinbarungen zu bekräftigen.

Bereiten Sie das Mitarbeitergespräch nach

Im Hinblick auf die nächsten operativen Schritte gilt es, sich die Planung noch einmal zu vergegenwärtigen. Möglicherweise müssen andere Personen noch beteiligt oder informiert werden. Wurden Folgegespräche vereinbart, ist es sinnvoll, sich bereits zu diesem Zeitpunkt, an dem noch alle Gesprächseindrücke „frisch" sind, die Ziele und Inhalte bewusst zu machen. Die Führungskraft sollte daher – soweit dies möglich ist – bereits in die Vorbereitungsphase einsteigen.

Kienbaum Kompetenztest: Nachbereitung des Gesprächs

Reflektieren Sie nach Ihrem nächsten Mitarbeitergespräch dessen Verlauf:

- Haben Sie Ihre Ziele erreicht?
- War Ihre Struktur bzw. Ihre Vorgehensweise sinnvoll?
- Konnten Sie Ihre Struktur und die geplante Vorgehensweise beibehalten?
- Haben Sie die Grundregeln für den Gesprächsverlauf eingehalten (Redeanteil, offene Fragen, kooperativer Dialog usw.)?
- Gab es im Gespräch kritische Situationen? Wie haben Sie sich verhalten?
- Was haben Sie gut gemacht? Was sollten Sie im nächsten Gespräch anders angehen?

So meistern Sie schwierige Mitarbeitergespräche

Wenn Gespräche „kippen"

Wie gut eine Führungskraft das Instrument des Mitarbeiter- bzw. des Zielvereinbarungsgesprächs beherrscht, zeigt sich insbesondere in heiklen Gesprächen. Oft entwickeln sich vermeintlich „normale" Mitarbeitergespräche zu schwierigen Auseinandersetzungen, ohne dass der Vorgesetzte die Warnsignale erkennt.

Erkennen Sie Warnsignale

Die Führungskraft, die das Gespräch leitet, ist verantwortlich für den Verlauf und sollte daher auf Warnsignale entsprechend reagieren. Typisch ist:

Typische Warnsignale

- Der Mitarbeiter wirkt zurückhaltend und desinteressiert.
- Er ist verschlossen und geht nicht auf Argumente ein.
- Er wehrt Kritik und Feedback ab.
- Er bringt ständig Ausreden, macht die schlechten Rahmenbedingungen oder die Kollegen für Misserfolge und Pannen verantwortlich.
- Er zeigt Unsicherheit, Niedergeschlagenheit, Selbstzweifel
- Er wird aggressiv und vorwurfsvoll.
- Er wirkt übertrieben freundlich, will sich einschmeicheln.
- Er widerspricht ständig und zeigt Trotzreaktionen.

Kienbaum Expertentipp: Konflikte nicht unterdrücken

Insbesondere jüngere Führungskräfte übergehen solche Misstöne, um das Gespräch zielorientiert zu Ende zu führen. Doch damit sind die Probleme nicht gelöst. Auch wenn Auseinandersetzungen während des Gesprächs nicht an die Oberfläche treten, „schwelen" sie weiter und brechen an anderer Stelle zu einem späteren Zeitpunkt hervor. Konflikte lassen sich auf Dauer nicht vermeiden. Selbst wenn sie im Gespräch noch einigermaßen unterdrückt werden können, ist in dieser Situation die Basis des Mitarbeitergespräches – der kooperative Austausch – nicht mehr möglich. Besser ist, Sie fragen den Mitarbeiter, wo ihn der Schuh drückt.

Nutzen Sie Überzeugungstechniken

Gesprächstechniken für schwierige Situationen

Es liegt in der Natur der Sache, dass Mitarbeitergespräche nicht immer einfach sind. Schließlich geben hier zwei Seiten Einschätzungen ab und diese fallen oft unterschiedlich aus. Das Instrument setzt aber voraus, dass man sich letztendlich „einigt". Um die Gespräche konstruktiv zu gestalten und positiv abzuschließen, sollte die Führungskraft Techniken der Überzeugung und Einwandbehandlung beherrschen.

- *Bedingte Zustimmung:* Hierbei geht es darum, dem Gesprächspartner in Teilaspekten zuzustimmen, bei anderen Aspekten aber die eigene Meinung zu verdeutlichen.

Beispiel: Bedingte Zustimmung

„In diesem Aspekt stimme ich Ihnen zu, aber ..."

Gesprächspartner „leer reden lassen"

- *Leer reden lassen:* Diese Technik ist angebracht, wenn die Führungskraft kaum zu Wort kommt, weil der Gesprächspartner sehr vehement einen Standpunkt vertritt. Dabei lässt der Vorgesetzte den Mitarbeiter so lange reden, bis dieser alle Aspekte vorgebracht hat und bringt erst dann eigene (Gegen-) Argumente.
- *Paraphrasieren:* Die Führungskraft wiederholt bzw. spiegelt, was der Mitarbeiter gesagt hat. Zum einen wird durch das Zurückspiegeln des Kerngedankens sichergestellt, dass das Gesagte verstanden wurde. Zum anderen fühlt sich der Gesprächspartner ernst genommen und öffnet sich. Unterschwellige Aggressionen werden abgebaut und es gelingt, zum eigentlichen Kern des Problems vorzudringen. Wichtig ist es, den Sinn zu paraphrasieren und nicht die genaue Wortwahl des Gegenübers wiederzugeben.

Beispiel: Paraphrasieren

Wenn ich Sie richtig verstanden habe, ist es Ihnen wichtig, dass ..." oder „Sie sind also der Meinung, dass ..."

Emotionale Öffnung

- *Ermutigung, sich emotional zu öffnen:* Eine weitere Methode, um den Mitarbeiter zu „öffnen", ist, eine persönliche Wahrnehmung zu reflektieren bzw. zu interpretieren und dies mit der Frage nach der Ursache zu verbinden.

Beispiel: Emotionale Öffnung

„Ich sehe, Sie sind noch nicht richtig überzeugt. Darf ich fragen, woran das liegt?"

„Sie scheinen dem Ganzen recht skeptisch gegenüberzustehen. Woran liegt das?"

- *Gegenfrage stellen:* Blockt der Gesprächspartner alle Lösungs- oder Kompromissvorschläge ab, kann die Führungskraft die Technik der Gegenfrage anwenden. Sie zwingt den Gesprächspartner, Stellung zu beziehen und seinerseits konstruktiv zur Einigung beizutragen.

Durch Gegenfrage kontern

Beispiel: Gegenfrage

Mitarbeiter: „Ich bin nicht bereit, dem zuzustimmen." Vorgesetzter: „Welchem Vorschlag könnten Sie denn zustimmen?"

Mitarbeiter: „Dieser Vorschlag scheint mir kaum praktikabel." Vorgesetzter: „Wie könnte denn aus Ihrer Sicht ein praktikabler Ansatz aussehen?"

- *Plus- und Minus-Methode:* Bei schwierigen und langwierigen Verhandlungen fasst der Vorgesetzte alle Vor- und Nachteile und damit die Konsequenzen eines Vorschlags noch einmal zusammen.

Vor- und Nachteile aufzählen

Beispiel: Plus- und Minus-Methode

Führungskraft: „Ich fasse noch einmal zusammen: Wir haben festgestellt, dass eine Weiterführung des Projekts unter den festgelegten Zielen zu diesem Zeitpunkt so nicht möglich ist. Eine Zielrevision hat gegebenenfalls eine negative Auswirkung auf die Bonuszahlung. Eine Nichtanpassung der Projektziele wäre jedoch kontraproduktiv und würde den Geschäftsinteressen entgegenwirken. Ich würde daher vorschlagen, dass wir wie folgt vorgehen...... Dies hätte folgende Vor- und Nachteile..."

- *Bumerang-Methode:* Bei dieser Technik gilt es, ein scheinbar schlüssiges Argument des Gesprächspartners als direktes Gegenargument zu nutzen. Die Führungskraft dreht den Spieß also einfach um.

Argumentation umdrehen

Beispiel: Bumerang-Methode

Mitarbeiter: „Für diese Aufgabe besitze ich sowieso nicht die entsprechende Fachkenntnis." Führungskraft: „Dann sollten wir uns darüber unterhalten, wie Sie sich diese Kenntnisse aneignen können."

- *Einwandvorwegnahme:* Hierbei gilt es, Einwände, die das Gegenüber einbringen könnte, vorwegzunehmen und mit einem passenden Argument im Vorhinein zu widerlegen. Diese Methode setzt voraus, dass die Führungskraft die Einstellungen und Absichten des Mitarbeiters gut kennt bzw. sich gut in ihn hineinversetzen kann. Mit dieser Vorgehensweise signalisiert die Führungskraft, dass sie sich Gedanken über das Für und Wider gemacht und ihren Entschluss abgewogen hat.

Beispiel: Einwandvorwegnahme

„Sie werden jetzt vielleicht zu bedenken geben ... Ich bin jedoch der Meinung, dass ... "

„Vielleicht fragen Sie sich jetzt, ob ... Dazu kann ich nur sagen, dass ..."

Eigene Erfahrung anführen

- *Anekdote:* Der Vorgesetzte erzählt zum Problem bzw. Argument eine passende Anekdote. Das Gegenüber bekommt das Gefühl, dass seine Führungskraft ein solches Problem schon einmal selbst erlebt und daraus gelernt hat.

Beispiel: Anekdote

„Das kann ich nachvollziehen. Ich habe da mal eine ganz ähnliche Situation erlebt ... Allerdings bin ich zu dem Schluss gekommen, dass ... "

Tabus im Mitarbeitergespräch

Die wenigsten Mitarbeitergespräche sind von vornherein schwierig. Oft werden sie es erst durch ein paar impulsive Äußerungen, die dann in einen regelrechten Schlagabtausch münden. Die Führungskraft trägt die Verantwortung für die Gesprächsführung und sollte sich niemals dazu hinreißen lassen, anders als sachlich zu antworten, und sollte „Killerphrasen" vermeiden.

unsachliches Vorgehen	Formulierungsbeispiel
Anklage	„Das haben Sie mutwillig falsch gemacht!"
Ironie	„Das haben Sie ja fantastisch hingekriegt!"
Übertreibung	„Ich habe Ihnen das schon tausendmal gesagt und Sie tun es immer wieder!"
Etikettierung	„Das ist mal wieder typisch für Sie."
Alte Geschichten	„Ja, ja, ich erinnere mich noch an letztes Jahr, kurz vor Weihnachten. Das war doch das Gleiche."
Mutmaßungen	„Sie haben doch bestimmt wieder ..."
Referenzen	„Ich habe auch schon von anderen gehört, dass Sie so reagieren."
Sarkasmus	„Wenn Sie weiter so uneinsichtig sind, können wir es auch gleich lassen."
Interpretationen	„Ich weiß schon, warum Sie so reagieren."
Andeutung	„Das kennen wir ja schon von Ihnen. Das passiert ja nicht das erste Mal."
Drohung	„Wenn Sie nicht bald zur Vernunft kommen, dann ..."
Beleidigung	„Sie rückgratlose Amöbe."

Tabus im Mitarbeitergespräch

3.2 Als Führungskraft Mitarbeiter beurteilen

Mitarbeiterbeurteilung ist Führungsaufgabe

Mitarbeiter zu beurteilen und zu entwickeln, gehört zu den wichtigsten Aufgaben einer Führungskraft. Sie soll die Arbeitnehmer im Sinne des Unternehmens sowie unter Beachtung der individuellen Stärken und Entwicklungsfelder in der (Weiter-)Entwicklung ihrer Kompetenzen unterstützen. Voraussetzung ist natürlich, dass der Vorgesetzte die Kompetenzen und das Potenzial seiner Mitarbeiter kennt bzw. erkennt.

Beurteilung der Performance und des Potenzials

Mit dem Instrument der Mitarbeiterbeurteilung überprüft der Vorgesetzte, inwieweit der Arbeitnehmer die an ihn gestellten aktuellen und zukünftigen Anforderungen erfüllt. Die Beurteilung ist Grundlage für die zielgerichtete Entwicklung und Förderung des Mitarbeiters. Dafür stehen der Führungskraft standardisierte Instrumente zur Verfügung, die zusammen ein Beurteilungssystem bilden. Grundsätzlich lassen sich Leistungs- und Potenzialbeurteilung unterscheiden.

Die Leistungseinschätzung betrachtet Performance und Verhalten

Unterschied zwischen Leistungseinschätzung und Potenzialbeurteilung

Die Leistungsbeurteilung wird meist von Führungskräften durchgeführt und liefert eine Einschätzung von Verhaltens- und Leistungsmerkmalen. Als Mittel bietet sich z. B. eine °-Befragung an, also umfassende strukturierte Beurteilungen aller Personen, die den Mitarbeiter einschätzen können. Auch Zielvereinbarungsgespräche (s. Seite 165) sind dafür geeignet.
Auf der Grundlage der Leistungsbeurteilung können eine leistungsabhängige Vergütung und zielgerichtete individuelle Personalentwicklungsmaßnahmen erfolgen.

Die Potenzialbeurteilung zielt auf die künftige Entwicklung

Mithilfe der Potenzialbeurteilung sind Personalabteilungen in der Lage, unternehmensweite Potenzialeinschätzungen der Mitarbeiter vorzunehmen. Dies findet z. B. durch interne sogenannte Assessment-Center, im Bereich der Potenzialeinschätzung oftmals auch Orientierungscenter genannt, statt.
Die Potenzialbeurteilung dient auch dazu, eine gezielte Karriere- und Nachfolgeplanung und damit verbunden eine strategisch zielgerichtete Personalentwicklung durchzuführen.

Welche Vorteile haben Mitarbeiterbeurteilungen?

Vorteile der Mitarbeiterbeurteilung

Von den Mitarbeiterbeurteilungen profitieren sowohl die Unternehmen als auch die Arbeitnehmer:

- Die Leistungs- und Potenzialbeurteilung wird objektiver und transparenter.
- Es gibt eine einheitliche Beurteilung für alle.
- Die Mitarbeiter nehmen dadurch die Beurteilung als „fair“ wahr.
- Es ist möglich, individuelle Leistungen zu erfassen.
- Der Mitarbeiter erhält eine detaillierte Rückmeldung über seine persönliche Leistungen.

- Das Unternehmen kann bedarfsgerechte, individuelle Personalentwicklungsmaßnahmen abgeleiten und
- es kann Leistungsträger leichter ermitteln.

Wie erfolgt die Beurteilung?

Welche Grundlage hat die Beurteilung?

Ein weiteres Unterscheidungsmerkmal stellt die Grundlage dar, anhand derer eine Beurteilung vorgenommen wird. Hier lassen sich drei mögliche Formen unterscheiden:

- die freie, d. h. nicht standardisierte Beurteilung,
- die teilstrukturierte oder halbstandardisierte Beurteilung sowie
- die strukturierte, also standardisierte Beurteilung.

Die freie Beurteilung

Bei der nicht standardisierten Beurteilung entscheidet der Beurteiler selbst, welche Kriterien er zur Beurteilung heranzieht und wie hoch er die Messlatte legt. Ein typisches Beispiel für eine freie Beurteilung ist ein Bewerbungsgespräch, das der Vorgesetzte führt, ohne zuvor z. B. eine explizite Anforderungsanalyse (s. Seite 100) erstellt zu haben. Die Führungskraft nimmt die Einschätzung dann „aus dem Bauch" heraus vor. Gleichzeitig hat er aber natürlich gewisse Vorstellungen davon, was der Bewerber können sollte, also welchen Anforderungskriterien der Bewerber entsprechen sollte.

Die teilstrukturierte Beurteilung

Nur Merkmale stehen fest

Bei der teilstrukturierten oder teilstandardisierten Beurteilung liegen Merkmale, anhand derer eine Einschätzung erfolgt, vor. Allerdings fehlen die Angaben, welche Ausprägungen diese Merkmale haben sollen und welche Einstufungen den Einschätzungen zugrunde liegen. Das bedeutet,

- dass die Führungskraft zwar weiß, was sie bewerten soll (z. B. die kommunikative Kompetenz),
- dass der Beurteilungsbogen eventuell auch Hinweise darauf gibt, woran die Kompetenzen zu erkennen sind (z. B. „Stellt viele offene Fragen", „Hält Blickkontakt"...),
- dass die Führungskraft sich aber selbst überlegen muss, welche Abstufungen sie zur Bewertung benutzt (z. B. „trifft zu", „trifft

nicht zu“ oder „trifft gar nicht zu“ = Stufe 1 bis „trifft zu“ = Stufe 5)

- und wo sie die Messlatte anlegt (erfüllt der Beurteilte bei einer Einstufung von 1 bis 5 mit der Bewertung 3 noch die Anforderungen?).

Die strukturierte oder standardisierte Beurteilung

Auch Ausprägung der Anforderungserfüllung ist definiert

Bei dieser Beurteilungsform ist – soweit dies möglich ist – alles vorgegeben: Sowohl Beurteilungskriterien als auch Bewertungsstufen stehen genau fest, um den Interpretationsspielraum möglichst gering zu halten. Das bedeutet, dass die Beurteilungsbögen über die Festlegungen bei der halbstandardisierten Bewertung hinaus auch die Ausprägung zur Anforderungserfüllung definieren (z. B. kommunikative Kompetenz: „hält stetig Blickkontakt, fragt interessiert nach; kann sich eloquent ausdrücken“ etc.) und die Abstufungsskalen bestimmen („trifft zu“, „trifft zum Teil zu“, „trifft nicht zu“).

Vor- und Nachteile der Beurteilungsformen

Vor- und Nachteile der Standardisierungsausprägungen müssen gut abgewogen werden.

- Je höher der Standardisierungsgrad, desto eher ist eine einheitliche Bewertung gewährleistet und desto besser lassen sich die Beurteilungen miteinander vergleichen. Allerdings ist die Erstellung von standardisierten Beurteilungsinstrumenten sehr aufwendig und viele Beurteiler neigen dazu, sich bei der Bewertung weniger Gedanken zu machen.
- Während Instrumente mit einem hohen Detaillierungsgrad nur die Betrachtung weniger Aspekte zulassen, besteht bei freien Beurteilungsinstrumenten die Gefahr, dass sich die Führungskraft in den Differenzierungsmöglichkeiten verliert.

Standardisierungsgrad hat Vor- und Nachteile

Klein- und Mittelstandsbetriebe tendieren eher zu teilstandardisierten bis hin zu offenen Bewertungsformen, dagegen kommen in großen Unternehmen überwiegend standardisierte Verfahren zum Einsatz. Diese werden durch unterschiedliche Verfahren zu einem umfassenden Beurteilungssystem zusammengefasst. Erfolgt die Erfassung in Großunternehmen per Fragebogen werden neben den standardisierten meist auch offene Fragen gestellt, sodass ein abgerundetes Bild entsteht.

Kriterien an Anforderungsprofile

Welche Anforderungen muss der Mitarbeiter erfüllen?

Damit eine Führungskraft einen Mitarbeiter überhaupt beurteilt kann, muss sie zunächst definieren, welchen Anforderungen dieser genügen soll. Zur systematischen Beschreibung dieses Soll-Zustands wird eine sogenannte „Anforderungsanalyse" durchgeführt, aus der als Ergebnis ein Anforderungsprofil hervorgeht. Gute Anforderungsprofile genügen den folgenden Kriterien:

- Sie bilden die Ziele der Position ab und orientieren sich dabei am Wertschöpfungsbeitrag,
- sie geben die spezifischen Anforderungen an eine Position wieder,
- sie sind konkret und handlungsrelevant formuliert,
- sie zeigen sowohl aktuelle als auch zukünftige Erfordernisse auf,
- sie lassen sich flexibel an geänderte Erfordernisse anpassen und
- sie sind von Experten entwickelt, die sowohl über methodisches, also die Ableitung eines Anforderungsprofils betreffend, als auch über fachliches Know-how die Position betreffend verfügen.

Kienbaum Expertentipp: Notwendiges Know-how

Bei der Erstellung der Anforderungsprofile, d. h. bei der Anforderungsanalyse, sollte weder die methodisch versierte Personalabteilung noch der fachlich kompetente Mitarbeiter im Alleingang agieren. Dies heißt nicht, dass die Personalabteilung an jeder Anforderungsanalyse mitwirken muss. Sie sollte aber durch ein entsprechendes Training bzw. die Bereitstellung von Checklisten sicherstellen, dass die Anforderungen nach einer sinnvollen, festgelegten Methodik analysiert werden. In keinem Fall ist es allerdings möglich, eine Anforderungsanalyse durchzuführen, ohne den Fachmann, z. B. Sie als verantwortliche Führungskraft, hinzuzuziehen.

Denken Sie mittelfristig bis langfristig

Neben aktuellen Anforderungen der Position sollte ein Anforderungsprofil zumindest auch mittelfristige Erfordernisse enthalten. Dies sichert die strategische Ausrichtung und zögert zudem den Zeitpunkt, zu dem das Profil aufgrund veränderter Erfordernisse angepasst werden muss, hinaus.

Beispiel: Mittel- und langfristige Anforderungen

In Zeiten, in denen sich Produkte leicht absetzen lassen, wird im Anforderungsprofil eines Vertriebsmitarbeiters oft die Betreuung des bestehenden Kundenstamms betont. Oft wird dabei aber nicht berücksichtigt, dass die strategische Neuakquisition mittelfristig wieder an Bedeutung zunehmen kann.

Anforderungsprofile müssen flexibel sein

Anpassungen müssen möglich sein

Auch wenn das Anforderungsprofil nahe, zukünftige Erfordernisse einbezieht, wird doch die Zeit kommen, zu der eine Anpassung nötig wird. Um Kosten und Aufwand für die Überarbeitung gering zu halten, sollten die Anforderungsprofile daher nach dem vorgestellten System aufgebaut sein. Nur so ist es möglich, eine Aufgabe gegen eine neue, mit jeweils entsprechenden Erfordernissen hinterlegte Aufgabe auszutauschen. Die veralteten Anforderungen mit ihren Ableitungen lassen sich dann einfach gegen neue austauschen und es ist nicht notwendig, das ganze Profil zu überarbeiten.

So werden dynamische Stellenprofile abgeleitet

Bei der Analyse der Anforderungen gehen Berater von Kienbaum nach der Systematik der „dynamischen Stellenprofile" vor, die sich in drei Schritten vollzieht:

Drei Schritte zur Anforderungsanalyse

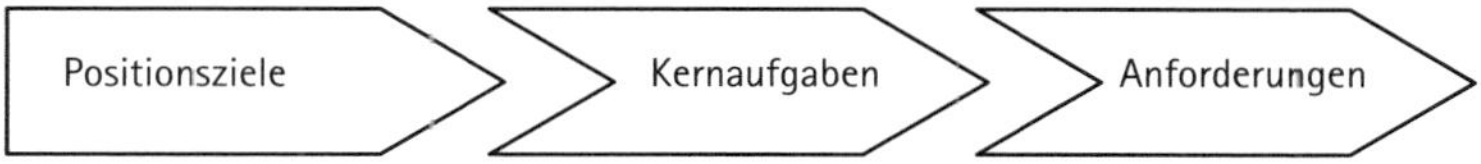

Positionsziele

- „Wozu" wird diese Position benötigt?
- Es soll erreicht werden, dass ...
- Wertschöpfungsbeitrag der Position für das Unternehmen

Kernaufgaben

- „Welche" Kernaufgaben sollen bewältigt werden?
- fünf bis sieben Kernaufgaben mit zugehörigen Teilaufgaben
- Linearer Bezug zu wichtigen Positionszielen

Anforderungen

- „Wie" muss der Positionsinhaber sein? Was muss er können und wollen?
- Fachkompetenz: Ausbildung, Wissen, Erfahrung
- Verhaltenskompetenz: Arbeitstechniken, Problemlösekompetenz, zwischenmenschlicher Bereich
- Persönlichkeitskompetenz: Motive und Einstellungen

Drei Schritte der Anforderungsanalyse

1. Schritt: Bestimmen Sie die Ziele der Position

Wofür wird die Position benötigt?

Wer ein Anforderungsprofil erstellen will, muss zunächst einmal wissen, welche Ziele mit der beschriebenen Position verbunden sind. Die Zielformulierung beantwortet die Frage, welchen Wertschöpfungsbeitrag die Position zur Erreichung des Unternehmensziels leisten soll. Egal, welchen wechselnden Anforderungen eine Position über die Jahre hinweg gerecht werden muss, dieser Beitrag bleibt bestehen – falls nicht, ist die Position überflüssig geworden. Zur Generierung der Positionsziele stellt sich also die Frage, wozu diese Stelle eigentlich benötigt wird.

Beispiel: Bestimmung des Positionsziels

Wozu benötigt man einen Vertriebsmitarbeiter?

Zur Sicherstellung des Absatzes von Produkt X.

Kienbaum Expertentipp: Formulierung von Positionszielen

Unserer Erfahrung nach zwingt die Formulierung „Zur Sicherstellung von ..." zur Konzentration auf das Wesentliche.

Als Faustregel gilt: Eine Position kann ein bis vier (Haupt-)Ziele verfolgen. Ergeben sich mehr Ziele, so befinden Sie sich wahrscheinlich schon bei der Beschreibung der Kernaufgaben.

2. Schritt: Leiten Sie die Kernaufgaben ab

Welche Aufgaben müssen ausgeübt werden?

Im Anschluss geht es darum, welche Kernaufgaben der Positionsinhaber je Positionsziel ausübt. In der Regel sind dies ca. fünf je Positionsziel. Als Kernaufgaben bezeichnet man solche Aufgaben, die für die Erreichung der Ziele unbedingt notwendig sind.
Auch hier gilt: Wurden an dieser Stelle zu viele Aufgaben generiert, muss zwischen echten Kernaufgaben und scheinbaren unterschieden werden. Die Frage dahinter lautet: Ist das Ziel auch dann erreichbar, wenn diese Aufgabe nicht bzw. nicht gut ausgeführt werden würde?

Beispiel: Ableitung der Kernaufgaben

Was muss ein Vertriebsmitarbeiter an Kernaufgaben bewältigen, um das Positionsziel „Sicherstellen des Absatzes von Produkt X" zu erreichen?

Die Betreuung und Beratung von Bestandskunden und die Akquise von Neukunden

Schritt 3: Beschreiben Sie die spezifischen Anforderungen

Welche Anforderung muss der Positionsinhaber erfüllen?

Im nächsten Schritt werden die individuellen Anforderungen je Position beschrieben. Ein Projektmitarbeiter im Marketing muss anderen Anforderungen genügen als ein Projektmitarbeiter in der internen Revision.
Im Anforderungsprofil müssen die Eigenschaften und Motive bzw. Einstellungen stehen, über die der Positionsinhaber verfügen sollte. Es geht also darum, was jemand „können“ und „wollen“ muss. Die Formulierungen der Anforderungen sollten z. B. mit „kann ... “ oder „will ... “ beginnen, Anforderungsprofile müssen konkret und handlungsrelevant formuliert sein

Kienbaum Expertentipp: Eindeutige Formulierungen wählen

Damit anhand des Anforderungsprofils eine Beurteilung erfolgen kann, ob ein Mitarbeiter bereits alle Voraussetzungen zur optimalen Aufgabenerledigung erfüllt, sollte die Formulierung konkret wie möglich sein. Begriffe wie „belastbar" oder „unternehmerisch denkend" lassen sich unterschiedlich interpretieren und sind daher ungeeignet. Hier gilt es, wie bei der Zielformulierung im Zielvereinbarungsgespräch (s. Seite 165), eindeutige Beschreibungen zu finden, die an beobachtbarem Verhalten oder messbaren Ergebnissen orientiert sind.

Beispiel: Formulierung von Anforderungen

Was sollte ein Vertriebsmitarbeiter können und wollen?

- will überzeugen,
- kann andere Personen von seinen Vorstellungen überzeugen verfügt zu diesem Zweck über durchdachte Strategien,
- kann ziel- und nutzenorientiert argumentieren usw.

Das Anforderungsprofil für Führungskräfte

Kompetenzmodelle geben Anforderungen an bestimmte Gruppen wieder

Neben dem positionsspezifischen Anforderungsprofil gibt es auch Profile, die die persönlichkeitsbezogenen Anforderungen an eine bestimmte Gruppe, z. B. an Führungskräfte, Trainees oder Vertriebsmitarbeiter, wiedergeben. Hier hat es sich in den meisten Unternehmen bewährt, insbesondere für die Gruppe der Führungskräfte übergreifende Kompetenzen zu formulieren, über die unternehmensweit alle Inhaber einer solchen Position verfügen sollten. Solche Anforderungsprofile werden auch als Kompetenzmodelle bezeichnet, da sie die wichtigsten Kompetenzen an die jeweilige Gruppe wiedergeben.

Übergreifende Kompetenzmodelle und funktionsspezifische Anforderungsprofile

Übergreifende Kompetenzmodelle – z. B. das übergreifende Anforderungsprofil für Führungskräfte – legen Unternehmen einheitlich fest und setzen sie insbesondere zur Potenzialbeurteilung z. B. der Führungs- und Führungsnachwuchskräfte durch die Personalfunktion unternehmensweit ein.

Funktionsspezifische Anforderungsprofile – z. B. für einen Geschäftsführer strategisches Marketing – werden dagegen vor allem zur Leistungsbeurteilung des Mitarbeiters eingesetzt, die u. a. durch die jeweilige Führungskraft erfolgt.

Beispiel für Kompetenzmodell

	1	2	3	4	5	6	7
Problemlöseverhalten							
Analyse	○	○	○	○	●	○	○
Konzept- und Entscheidungsqualität	○	○	○	○	○	●	○
Innovation	○	○	○	●	○	○	○
Handlungs- und Umsetzungsvermögen	○	○	○	○	○	●	○
Führungskompetenz							
Motivation	○	○	○	○	●	○	○
Konfliktmanagement	○	○	○	○	○	●	○
Überzeugungskraft	○	○	○	○	○	●	○
Delegation	○	○	○	○	●	●	○
Kooperation und Integration	○	○	○	○	●	○	○
Managementkompetenz							
Unternehmerisches Denken	○	○	○	○	●	●	○
Strategiekompetenz	○	○	○	○	○	●	○
Wertmanagement	○	○	○	○	○	●	○
Erfahrungsmanagement	○	○	○	○	○	●	○
Internationalität	○	○	○	●	●	○	○
Motivationsstruktur							
Leistungsmotivation	○	○	○	○	○	●	○
Dynamik	○	○	○	○	●	○	○
Lern- und Veränderungsbereitschaft	○	○	○	○	●	●	○
Offenheit	○	○	○	●	○	○	○
Verantwortungsbewusstsein	○	○	○	○	○	○	●

● Soll-Profil

Beispiel für ein Kompetenzmodell

Dieses Anforderungsprofil finden Sie auf Seite 185 als Kopiervorlage

Wichtige Soft Skills einer Führungskraft

In der langjährigen Beratungspraxis von Kienbaum haben sich zehn Soft Skills als Anforderungen an eine Führungskraft als maßgeblich herausgestellt (s. hierzu auch Seite 11).

Über welche Soft Skills muss eine Führungskraft verfügen?

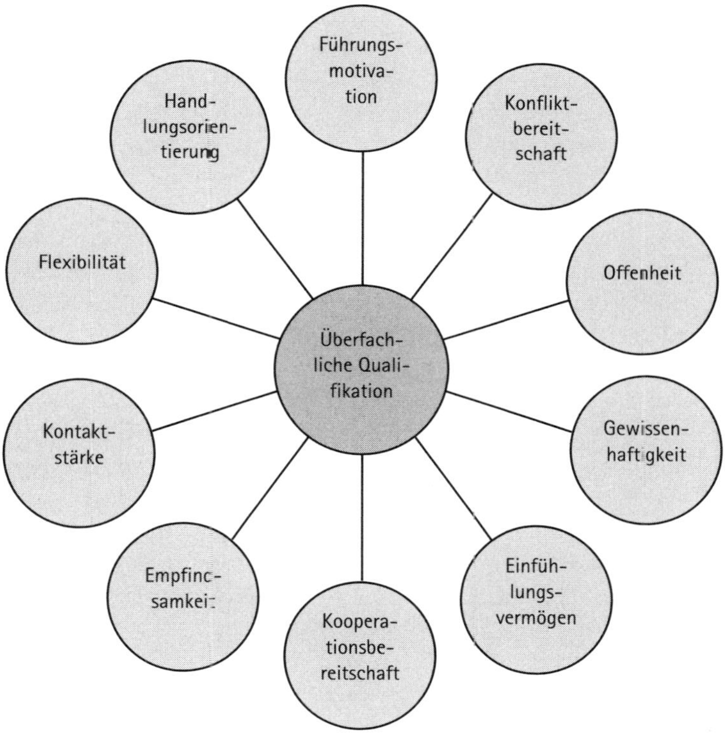

Soft Skills einer Führungskraft

- *Führungsmotivation:* Eine der grundlegenden Eigenschaften einer Führungskraft ist ihr Wille zu führen. Sie verfügt über ein mehr oder weniger ausgeprägtes Machtstreben, hat Spaß daran, etwas zu beeinflussen, zu bewegen und sich als wirksam zu erleben. Eng damit verknüpft ist der Wunsch, von anderen positiv wahrgenommen zu werden – schließlich hat sie Verantwortung übernommen. Eine Führungskraft, die über eine schwache Führungsmotivation verfügt, neigt in Konfliktsituationen zum

Der Wille zu führen

Rückzug. Eine zu starke Ausprägung äußert sich dagegen in dominantem Führungsverhalten. Dann steht bei allen Aktivitäten und Entscheidungen die Sicherung der eigenen Machtposition im Vordergrund.

Aufgaben anpacken

- *Handlungsorientierung:* Führungskräfte sollten handlungsorientierte Menschen sein, die vorwärts denken, Aufgaben anpacken und sich von gelegentlichen Misserfolgen nicht erschüttern lassen. Erfahrungsgemäß halten sich solche Menschen ungern mit Analysen und Routinearbeiten auf. Ist die Handlungsorientierung bei Führungskräften zu schwach ausgeprägt, führt dies zu langwierigen Entscheidungsprozessen. In Besprechungen wird alles zerredet, statt einen Entschluss zu fassen. Dagegen führt eine zu starke Handlungsorientierung unter Umständen zu unüberlegten Schnellstarts und zu unkontrolliertem Aktionismus. Informationen werden nicht ausgewertet oder übergangen.
- *Flexibilität:* Es ist wichtig, dass sich eine Führungskraft schnell auf neue Situationen einstellen kann. Veränderungen sollten sie nicht als Bedrohung, sondern als Herausforderung betrachten. Von unflexiblen Chefs hört man häufig Sätze wie „Ich weiß nicht, ob das geht!“ oder „ Das hat doch noch nie funktioniert!“ Ein solches Verhalten verhindert kreative und innovative Lösungen. Das andere Extrem sind Führungskräfte, die ständig die Veränderung suchen. Sie agieren rast- und ziellos, bringen Aufgaben nicht zu Ende und ziehen schnelle Lösungen den guten vor.

Mit anderen in Kontakt treten

- *Kontaktstärke:* Ohne Kontaktstärke kann eine Führungskraft nicht erfolgreich mit ihren Mitarbeitern zusammenarbeiten. Meist bevorzugen Führungspersönlichkeiten sowohl bei der Arbeit als auch in der Freizeit Tätigkeiten, bei denen sie in Kontakt mit anderen Menschen kommen. Auf andere Leute zuzugehen fällt ihnen leicht, die Kontaktaufnahme gelingt ihnen mühelos. Kontaktstarke Führungskräfte finden immer Zeit für ein Gespräch mit ihren Mitarbeitern, auch außerhalb offizieller Besprechungen. Sie fördern den Informationsaustausch innerhalb ihres Bereichs.

- *Empfindsamkeit:* Empfindsame Leute sind nicht mit einfühlsamen Menschen gleichzusetzen. Empfindsame reagieren auf Gerede über sich sehr sensibel. Sie kommen nur schwer über Misserfolge hinweg und nehmen viele Situationen sehr persönlich. Das führt das dazu, dass sie leicht aus dem emotionalen Gleichgewicht zu bringen sind. Wer als Führungskraft sehr empfindsam ist, fasst Sachdiskussionen zur konstruktiven Lösungssuche schnell als persönliche Konflikte auf und verhindert so eine ergebnisorientierte Handlungsweise.
- *Kooperationsbereitschaft:* Trotz ihres Machtinstinkts muss eine Führungskraft kooperationsbereit sein, sonst ist die Zusammenarbeit mit anderen kaum möglich. Ein Mangel an Kooperationsbereitschaft hat viele negative Auswirkungen, u. a. werden die Potenziale der Mitarbeiter nicht genutzt und Entscheidungen finden zu wenig Akzeptanz im Unternehmen.

Bereitschaft zur Zusammenarbeit

- *Konfliktbereitschaft:* Konfliktbereite Führungskräfte gehen Auseinandersetzungen nicht aus dem Weg, sie betrachten Probleme und Widerstände als Herausforderung. Ihr offensives Verhalten sorgt dafür, dass Auseinandersetzungen und Probleme schnell und konstruktiv geklärt werden.
- *Offenheit:* Moderne Chefs führen offen und transparent. Sie fördern den Meinungsaustausch, geben Informationen weiter und erwarten dieses Verhalten auch von anderen. Ein solches Vorgehen sorgt nicht nur für ein angenehmes Arbeitsklima, sondern erhöht auch die Effizienz der Arbeitsabläufe.

Offen und transparent führen

- *Gewissenhaftigkeit:* Gewissenhafte Führungskräfte erledigen einfache wie komplexe Aufgaben sehr sorgfältig und halten sich an Vereinbarungen. Was sie angefangen haben, bringen sie zu Ende. Alle diese Wesenszüge machen die Führungskraft zu einem zuverlässigen Partner für Mitarbeiter und Kunden. Übertriebene Gewissenhaftigkeit kann natürlich ein Hemmschuh sein. Wenn es die Umstände nicht zulassen, ist die Suche nach perfekten Lösungen nicht sinnvoll.
- *Einfühlungsvermögen:* Einfühlsame Führungskräfte können sich gut in andere hineinversetzen. Sie versuchen erst einmal, den anderen bzw. vorliegende Situationen zu verstehen, bevor sie reagieren. Das schafft Vertrauen. In einem solchen Klima

können Mitarbeiter Fehler und Versäumnisse zugeben und mit Unterstützung der Führungskraft versuchen, diese in Zukunft zu vermeiden.

Kienbaum Expertentipp: Weitere Persönlichkeitsmerkmale

Als Führungskraft sollten Sie auch Eigenschaften wie Beharrlichkeit und Ausdauer sowie Stressresistenz und Belastbarkeit aufweisen. Mit diesen Eigenschaften ausgestattet, gelingt es Ihnen trotz aller Schwierigkeiten und Widerstände Problemlösungen zu finden und diese durchzusetzen. Selbst bei erhöhtem Arbeitsaufkommen, wenn viele bzw. sehr komplexe Aufgaben gleichzeitig zu bearbeiten sind, behalten sie die Nerven und den Überblick. Gerade in solchen Situationen braucht es Vorgesetzte, die mit Ruhe und Ordnungssinn Aufgaben angehen und zu Ende führen.

Lernen Sie Ihre Entwicklungsfelder kennen

Soft Skill lassen sich verändern

Nur wenige Personen vereinen in sich all diese Soft Skills in einem optimalen Gleichgewicht in sich. Die Mehrheit der Führungskräfte wird über eine gewisse Ausprägung der Kompetenzen verfügen und bei der einen oder anderen Fähigkeit nachjustieren müssen. Natürlich taucht in diesem Zusammenhang das Problem auf, dass es nicht möglich ist, alle benötigten Soft Skills kurzfristig zu verändern. Es ist jedoch hilfreich, die eigenen Entwicklungsfelder zu kennen und sich kontinuierlich weiterzuentwickeln.

Wer nimmt die Einschätzung vor?

Mit dem vollständigen Anforderungsprofil ist die Messlatte, die der Positionsinhaber überqueren muss, definiert. Um herauszufinden, ob die zu beurteilende Person den Kriterien tatsächlich entspricht, stehen verschiedene Instrumente zur Verfügung.

Die Selbsteinschätzung

Mitarbeiter schätzt seine Kompetenzen ein

Die einfachste Form der Beurteilung ist die Selbsteinschätzung. Hierbei gibt die Führungskraft dem Mitarbeiter die Gelegenheit, seine Kompetenzen subjektiv zu bewerten. Die Selbstbeurteilung ist in der Regel Bestandteil der meisten Beurteilungsverfahren, im Rahmen eines Bewerbungsgesprächs wird z. B. oft danach gefragt, wie der Kandidat seine eigenen Kompetenzen einschätzt.

Auch bei Potenzialbeurteilungsverfahren wie dem Assessment-Center und dem Management-Audit (s. Seite 111) kommt es zur Anwendung. Hier werden zur Selbsteinschätzung zudem berufsbezogene Persönlichkeitsfragebögen sowie Fragebögen zu Motiven und Einstellungen eingesetzt.

Die Fremdeinschätzung

Fremdeinschätzungen runden das Bild ab

Meist kommen zur Selbsteinschätzung eine oder mehrere Fremdeinschätzungen hinzu. Je mehr Beurteilungen vorliegen, desto „runder" wird das Bild.
Auch bei der Vorgesetztenbeurteilung, d. h. der Mitarbeiter beurteilt seinen Vorgesetzten, findet eine umfassende Fremdeinschätzung statt. Es wird das sogenannte 360 °-Feedback durchgeführt. Bei diesem Beurteilungsinstrument erfolgt neben der Selbsteinschätzung eine Beurteilung durch Vorgesetzte, Mitarbeiter, Kollegen sowie interne und externe Kunden.

Instrumente der Einschätzung im Potenzialbeurteilungsverfahren

Welche Mittel stehen zur Potenzialeinschätzung zur Verfügung?

Typische Instrumente zur Potenzialbeurteilung in Unternehmen sind das Assessment-Center (aus dem Englischen to assess = einschätzen) und das Management-Audit, auch unter den Begriffen „Management Appraisal", „Appraisal" oder auch „Audit" bekannt.

Das Assessment-Center

Unternehmen setzen das Assessment-Center-Verfahren insbesondere zur Auswahl und Potenzialbeurteilung von Führungsnachwuchs- und Führungskräften, aber auch zur Bewerberselektion ein. Sie wollen beobachten und bewerten, wie die Teilnehmer die gestellten Anforderungen u. a. in realitätsnahen Simulationen bewältigen.

Auswahl und Potenzialeinschätzung

Die Dauer eines Assessment-Center-Verfahrens beträgt in der Regel zwischen einem und zwei Tagen und wird meist als Gruppen-, seltener als Einzel-Assessment durchgeführt. Das Instrument liefert durch den Mix verschiedenster Verfahren genauere und umfassendere Einschätzungen über einen Teilnehmer, als es jedes dieser Verfahren für sich allein könnte. Meist wird es standardisiert im Unternehmen eingesetzt und besteht aus mehreren der folgenden Bausteine:

Bausteine eines Assessment-Centers

- *Verhaltensorientiertes Interview:* Die geforderten Kompetenzen eines Mitarbeiters sollen dabei mittels einer bestimmten Fragetechnik ermittelt werden. Die beurteilende Person erfragt das Verhalten, dass der Bewerber normalerweise in bestimmten Situationen zeigt.
- *Rollensimulationen:* Hierbei werden meist Gespräche, wie sie im beruflichen Alltag stattfinden, nachgeahmt. Der zu beurteilende Mitarbeiter nimmt die Position ein, auf deren Eignung hin er überprüft werden soll, er spielt also z. B. die zukünftige Rolle der Führungskraft. Den Gegenpart stellt einer der Beobachter dar. Instruktionen für beide „Rollen" geben die Ausgangs- bzw. Rahmenbedingungen vor. Typische Simulationen sind z. B. Mitarbeiter- und Kollegengespräche sowie Gruppendiskussion.
- *Postkorb:* Bei diesem Baustein handelt es sich um eine Arbeitsplatzsimulation, in der der zu Beurteilende eine vorgegebene Position, z. B. die einer Führungskraft, einnimmt und die aufgelaufene Post bearbeitet. Ihm liegen dabei sowohl berufliche als auch zum Teil private Vorgänge vor, die er abarbeiten bzw. vorbereiten und koordinieren muss. Es geht darum, Terminkollisionen zu erkennen und Entscheidungen prioritätenorientiert zu treffen.
- *Fallstudie:* Auch eine Fallstudie ist eine Arbeitsplatzsimulation, bei der der zu Beurteilende die Rolle einer vorgegebenen Position einnimmt. Im Gegensatz zum klassischen Postkorb finden sich hier vielfältige, strategisch relevante Unterlagen, etwa Geschäftsberichte, Zeitungsartikel, Umsatzzahlen des eigenen Verantwortungsbereichs, Produktbeschreibungen, Wettbewerbsvergleiche usw., die der Mitarbeiter analysieren muss.
- *Präsentation:* Sie folgt meist auf eine Fallstudie. Hier präsentiert der zu Beurteilende seine Ergebnisse.
- *Selbsteinschätzungsbögen:* Sie helfen, Persönlichkeitsmerkmale durch Selbsteinschätzungen zu erfassen.

Das Management-Audit

Beurteilung des oberen Managements

Das Management-Audit wird zur Potenzialbeurteilung der oberen Managementebene eingesetzt. Ziel ist, einen Überblick über das Potenzial und die Kompetenzen des Managements im Sinne eines Portfolios zu erhalten. Im Abgleich mit Zielen und Strategien des Unternehmens sowie der Funktion des Einzelnen findet eine neutrale Bestandsaufnahme statt. Auf dieser Basis können Unternehmen konkrete Entscheidungen zur Führungsstruktur und Managemententwicklung treffen. Im Gegensatz zu Einzelbeurteilungen ist durch die Potenzialbetrachtung der gesamten Managementriege ein Abgleich der internen Kompetenzbilanz in Relation zu unternehmensspezifischen Anforderungen und externen Benchmarks möglich.

Das Audit zeichnet sich ebenfalls normalerweise durch den Mix von verschiedenen Testverfahren aus – allerdings beschränkt auf sehr viel weniger Bausteine, z. B. verhaltensorientiertes Interview und 360 °-Beurteilung. Businessnahe Simulationen finden fast nie statt. Im Extremfall wird nur ein Baustein, das verhaltensorientierte Interview, dafür aber in ausführlicherer Form als im Assessment-Center, durchgeführt. Ein solches Interview dauert unterschiedlich lange, kann aber durchaus bei drei bis vier Stunden liegen, insbesondere, wenn neben dem Interview keine oder nur wenige weitere Instrumente zur Beurteilung zum Einsatz kommen. Ein Gutachten sowie ein ausführliches Feedback geben die Stärken und Schwächen der Manager wieder.

Module eines Management-Audits

Typische Module eines Management-Audits sind:

- das verhaltensorientierte Interview,
- Selbsteinschätzungsfragebögen bzw. Persönlichkeitsfragebögen, Fragebögen zu Motiven und Einstellungen sowie
- 180 ° und 360 °-Beurteilungen.

Beobachten – Beschreiben – Bewerten

Einen Leitfaden stellen wir Ihnen ab Seite 197 zur Verfügung

Nachdem eine Anforderungsanalyse erfolgt ist, das Anforderungsprofil generiert und auch ein geeignetes Beurteilungsinstrument ausgewählt wurde, kann die eigentliche Beurteilung erfolgen. Wer z. B. als interner Beobachter, als sogenannter Assessor an einem Assessment-Center teilnimmt, erhält je Modul einen Beobachtungsbogen, der jeweils die Kompetenzen des Anforderungsprofils aufführt, die in diesem Modul am besten zu beobachten und zu beurteilen sind. So könnte es innerhalb des Assessment-Centers z. B. darum gehen, in einem simulierten Mitarbeitergespräch die Gesprächsführungskompetenz zu überprüfen. Auf dem Beobachtungsbogen stehen dann unter dem Aspekt „Gesprächsführung" Verhaltensbeschreibungen, sogenannte Verhaltensanker, die das damit verbundene, gewünschte Verhalten aufzeigen.

Verhaltensanker beschreiben das gewünschte Verhalten

Beispiel: Verhaltensnahe Beschreibung

Die Kompetenz bei der Gesprächsführung soll beobachtet werden. Die Verhaltensbeschreibungen lauten dann z. B.:

- bleibt beim Thema, schweift nicht ab,
- lässt dem Gesprächspartner ausreichende Redeanteile,
- unterbricht den Gesprächspartner nicht,
- verzichtet auf umständliche, langatmige Formulierungen,
- stellt Blickkontakt her,
- gebraucht Metaphern und Zitate angemessen und im Kontext seiner Aussagen unterstützend,
- versteht es, das Gespräch in eine für ihn vorteilhafte Richtung zu lenken,
- fordert den Gesprächspartner zu Stellungnahmen auf,
- führt das Gespräch durch offene Fragen.

Um zu einer Bewertung der Kompetenzen zu gelangen, geht der Beurteiler in drei Schritten vor:

1. Beobachtung des Verhaltens,
2. Beschreibung des gezeigten Verhaltens,
3. Bewertung des gezeigten Verhaltens.

1. Schritt: Beobachtung des Verhaltens

Systematische Verhaltensbeobachtung

Bei der Beobachtung der Verhaltensweisen sollte systematisch vorgegangen werden. Die Führungskraft sollte nacheinander die einzelnen Verhaltensbeschreibungen durchlesen und anschließend beobachten, ob und wie der Mitarbeiter reagiert. Es geht darum, die einzelnen Eindrücke zu sammeln und immer wieder zu vergleichen.

Zur Vermeidung von Beurteilungsfehlern ist es ratsam, auch eigene Erfahrungen und eventuelle Vorurteile zu reflektieren.

Kienbaum Kompetenztest: Vorurteile reflektieren

Stellen Sie sich zur Reflexion folgende Fragen:

- Erinnert mich das Verhalten der zu beurteilenden Person an bestimmte Personen oder Situationen?
- Falls ja, inwieweit könnte dies Auswirkungen auf meine Beurteilung haben? Bewerte ich z. B. gegebenenfalls zu kritisch oder zu wohlwollend?
- Schreibe ich der Person aufgrund Ihres Aussehens bestimmte Verhaltensweisen zu (z. B. „ist akkurat angezogen" = „ist kompetent" oder „ist gut aussehend, trägt Brille" = „ist intelligent")?

2. Schritt: Beschreibung des gezeigten Verhaltens

Verhaltensbeschreibung muss konkret sein

Es ist besonders wichtig, das beobachtete Verhalten konkret zu beschreiben. Nur so ist es möglich, eine stichhaltige Bewertung vorzunehmen und im Anschluss ein qualifiziertes und nachvollziehbares Feedback zu geben. Die Beschreibungen sollten es sowohl der beurteilenden Person also auch Dritten, vor allem aber auch dem Beurteilten selbst, erlauben, die Beobachtung nachzuvollziehen. Hierzu ist es sinnvoll, Zitate sowie einzelne Beobachtungen inklusive der wahrgenommenen Wirkung aufzuschreiben und den Kompetenzen bzw. Verhaltensankern zuzuordnen. Je konkreter die Darstellungen sind, desto besser lässt sich später eine Bewertung vornehmen.

Kienbaum Expertentipp: Ausführliche Beschreibungen

Insgesamt gilt: Je niedriger der Standardisierungsgrad eines Beurteilungsinstruments, desto detaillierter und ausführlicher sollten die Beschreibungen sein.

Dabei gilt es, sowohl Positives als auch Negatives aufzuschreiben. Erst durch das Abwägen der positiven und negativen Verhaltensweisen kann eine wirkliche Beurteilung stattfinden.

Beispiel: Beschreibung der Verhaltensweisen

Zu beurteilende Kompetenz: Gesprächsführung

Verhaltensbeschreibung, Verhaltensanker: „Bleibt beim Thema, schweift nicht ab"

Positiv: Hat sich an die besprochene Agenda gehalten; hat seinen Gesprächspartner aufgefordert, wieder zum Thema zurückzukommen, als dieser vom Thema abkam.

Negativ: Wirkte manchmal etwas gehetzt, da er versuchte, schnell und ohne weiteres Abschweifen die Agenda „abzuarbeiten"; bestimmte Einwände des Gegenübers wurden dadurch nicht beachtet bzw. abgeschmettert mit dem Hinweis, dass dies jetzt nicht zum Thema gehören würde.

3. Schritt: Bewertung des gezeigten Verhaltens

Einschätzung der Ausprägung

Nach der Beobachtung und Beschreibung der Kompetenzen erfolgt die eigentliche Bewertung. Anhand einer Skalierung, z. B. einer Dreier-, Fünfer- oder Siebenerskalierung, schätzt die Führungskraft das jeweilige Verhalten von z. B. „mangelhaft" bis „sehr gut" bzw. „kaum ausgeprägt" bis „sehr ausgeprägt" ein. Diese Bewertung nimmt sie zunächst auf Ebene der Verhaltensanker vor.

Beispiel: Bewertung

Bewertet wird, wie gut oder schlecht der zu Beurteilende

1. beim Thema geblieben und nicht abgeschweift ist,
2. dem Gesprächspartner ausreichende Redeanteile gelassen hat,
3. den Gesprächspartner nicht unterbrochen hat,
4. auf umständliche, langatmige Formulierungen verzichtet hat,
5. Blickkontakt hergestellt hat usw.

Anschließend fasst der Beurteilende die Einzelbewertungen auf Verhaltensankerebene durch Bildung des Mittelwerts zu einem Wert zusammen. Dieser gibt dann die Einschätzung der Gesprächsführungskompetenz in diesem Modul wieder.

Beispiel: Mittelwert errechnen

Dem Verfahren liegt eine fünfstufige Bewertungsskala zugrunde, wobei „1" die schlechteste und „5" die beste Bewertung darstellt.

Nach Abgleich der oben beschriebenen Verhaltensanker mit den Notizen und Eindrücken zum gezeigten Verhalten des zu Beurteilenden kommt man zu folgender Einzelbewertung:

Verhaltensanker	Bewertung
• bleibt beim Thema, schweift nicht ab	5
• lässt dem Gesprächspartner ausreichende Redeanteile	1
• unterbricht den Gesprächspartner nicht	2
• verzichtet auf umständliche, langatmige Formulierungen	5
• stellt Blickkontakt her	3

Für die Beurteilungsdimension „Gesprächsführungskompetenz" ergibt sich (5+1+2+5+3 = 16 : 5) ein Mittelwert von 3,2.

Kienbaum Expertentipp: Viele Bewertungen als Grundlage

Bewertungen sollten, wann immer dies möglich ist, über einen längeren Zeitraum und in verschiedenen Situationen erfolgen. Auch wenn das Assessment-Center-Verhalten nur einen Zeitraum von ein bis zwei Tagen einnimmt, können die Beurteiler die relevanten Kompetenzen in verschiedenen Situationen beobachten und einschätzen. So würde die Gesprächsführungskompetenz nicht nur im Modul Mitarbeitergespräch, sondern zumindest noch in einem weiteren Modul, z. B. in einer Simulation eines Kollegengesprächs, eine Rolle spielen.

Ist-Profil ermöglicht Abgleich

Auf diese Weise werden neben der Gesprächsführungskompetenz auch alle weiteren Kompetenzen, die es laut Anforderungsprofil zu beurteilen gilt, eingeschätzt. Am Ende des Assessment-Centers werden die Werte, die sich aus den einzelnen Modulen zu einer bestimmten Kompetenz ergeben, wieder durch die Bildung eines Mittelwerts zu einem Endwert zusammengefasst. Ein Ist-Profil bildet alle Werte ab und ermöglicht so einen Abgleich mit dem Anforderungsprofil. Hieraus ergibt sich die eigentliche Beurteilung: Inwieweit entspricht der Beurteilte den Anforderungen? Die Kompetenzen, die – noch – nicht den gestellten Anforderungen entsprechen, also die Entwicklungsfelder, lassen sich durch entsprechende Personalentwicklungsmaßnahmen fördern.

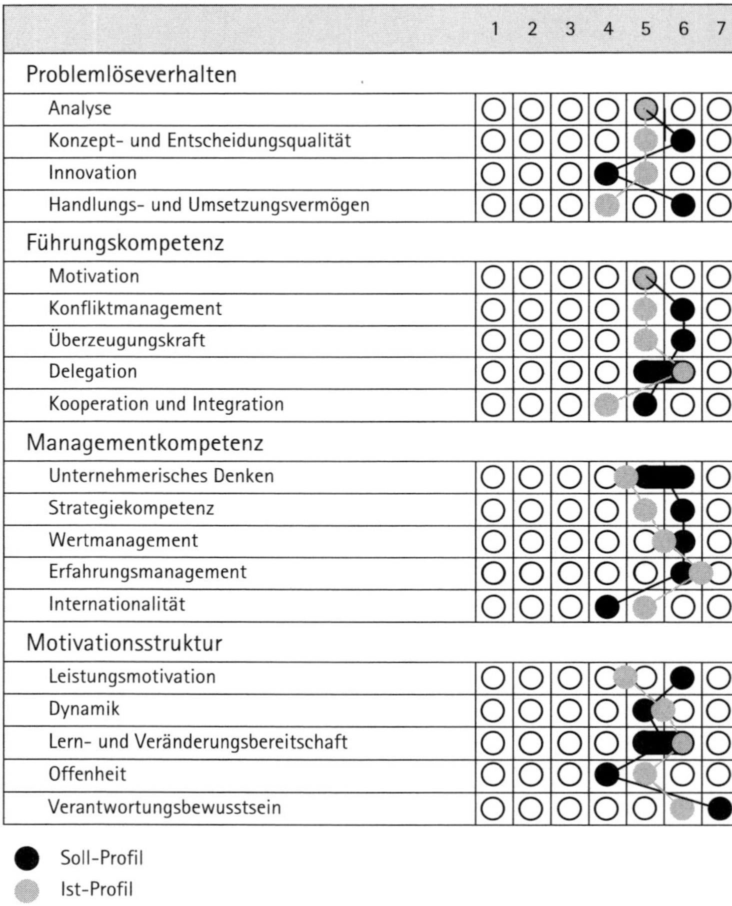

Beispiel für einen Abgleich von Soll- und Ist-Profil

Diese klassischen Beurteilungsfehler sollten Sie kennen

Typische Beurteilungsfehler

Irren ist menschlich. Das gilt auch beim Beurteilen. Eine Mitarbeiterbeurteilung kann trotz bester Standards nie wirklich objektiv sein, vor allem nicht bei der Einschätzung von Persönlichkeitsfaktoren. Die Persönlichkeit, die Einstellungen und Erfahrungen der einschätzenden Person beeinflussen die Bewertungen immer. Dabei treten einige Fehler besonders häufig auf.

Wir beurteilen uns ähnliche Mitarbeiter besser

Meist erhält derjenige Mitarbeiter eine gute Beurteilung, der dem Beurteilenden ähnlich ist. Unbewusst neigen Menschen dazu, das Gegenüber mit sich selbst zu vergleichen, ihr Profil gewissermaßen verdeckt als Anforderungsprofil zu verstehen. Beurteilende drücken bei ihnen ähnlichen Mitarbeitern dann auch gern ein Auge zu, wenn etwas nicht ganz den Anforderungen entspricht – schließlich tun sie dies ja bei sich selbst auch. Mit ein wenig Selbstreflexion lässt sich dieser Fehler vermeiden. Die Führungskraft sollte kurz über sich selbst nachdenken:

- Welches sind ihre Stärken bzw. ihre Schwächen?
- Erwartet sie von den eigenen Mitarbeitern mehr als z. B. Kollegen von ihren Mitarbeitern?
- Hat sie in ihrem Verantwortungsbereich überwiegend Mitarbeiter, die ihr sehr ähnlich sind?

Wir haben Vorurteile

Vorurteile hinterfragen

Wer Vorurteile hat, kann nicht objektiv urteilen. Wie oft schließt ein Mensch von einer bestimmten Verhaltensweise, dem Aussehen oder Auftretens einer Person auf ihre Persönlichkeit. Der Beurteilende sollte sich als Gegenmaßnahme überlegen:

- Wann hat er schlechte Erfahrungen mit anderen Menschen gemacht und warum?
- Gibt es aufgrund solcher Begebenheiten bestimmte Verhaltensweisen oder bestimmte optische Eindrücke, die er automatisch mit bestimmten Persönlichkeitseigenschaften verknüpft?

Der Überstrahlungs- oder Halo-Effekt tritt auf

Beim Überstrahlungseffekt wird ein einzelnes Merkmal des Mitarbeiters – insbesondere, wenn es stark ausgeprägt ist – als besonders positiv bzw. negativ eingeschätzt und „überstrahlt" damit alle anderen einzuschätzenden Merkmale.

Von einem Merkmal auf andere schließen

Beim Halo-Effekt dagegen schließt der Beurteilende von einem Merkmal auf andere Eigenschaften. Untersuchungen haben z. B. gezeigt, dass gut aussehende Menschen als besonders kompetent gelten. Auch hier sollte sich die Führungskraft fragen: Gibt es bestimmte Merkmale, die, wenn einer ihrer Mitarbeiter sie zeigt, so stark wiegen, dass die Beurteilung unverhältnismäßig gut oder schlecht beeinflusst wird?

Wir fallen auf eine Leistungsshow herein

Kleine Kinder sind immer dann besonders brav, wenn der Besuch des Nikolaus unmittelbar bevorsteht. So ist es auch mit vielen Mitarbeitern: Sie versuchen immer dann zu glänzen, wenn die Beurteilung ins Haus steht, z. B. das jährliche Zielvereinbarungsgespräch.
Die Führungskraft sollte sich von Mitarbeitern nicht beeindrucken lassen, die immer nur kurz vor einem Mitarbeiter- oder Zielgespräch ihren größten Arbeitseifer entfalten. Einen authentischen Eindruck von der Leistung der Mitarbeiter erhält, wer über längere Zeiträume beobachtet und sich immer wieder Notizen macht.

Wir legen den Mitarbeiter auf eine Rolle fest

Sich-Selbst-erfüllende Prophezeiung

Manchmal arbeiten Menschen mit sich selbst erfüllenden Prophezeiungen, ohne dies zu bemerken. Eine Führungskraft schätzt einen Mitarbeiter ein und deutet von nun an alle seine Verhaltensweisen so, dass sich diese erste Einschätzung bestätigt. In der Folge wird der Mitarbeiter irgendwann diese Verhaltensweise tatsächlich zeigen und so die Zuschreibung erfüllen. Wer von seinem Vorgesetzten immer wieder als Versager beschimpft wird, hält sich irgendwann tatsächlich für inkompetent. An einem bestimmten Punkt sieht der Mitarbeiter letztendlich keine Veranlassung mehr, sich überhaupt noch anzustrengen, da seine Leistung sowieso keine Anerkennung findet. Sein Engagement lässt nach und damit bestätigt sich, was die

Führungskraft schon immer „gewusst" hat. Die Führungskraft sollte sich kritisch hinterfragen:

- Gibt es Mitarbeiter oder andere Personen, bei denen sie sich letztlich in ihrer negativen Einschätzung bestätigt sah?
- Wie ist die Beurteilung entstanden? Zeigte der Mitarbeiter zu Anfang noch gute Leistungen? Worauf führte die Führungskraft positive bzw. negative Leistungen zurück?

Vorsicht, Abo-Effekt

Immer die gleiche Beurteilung

Hier besteht die Gefahr darin, dass eine einmal getroffene Einschätzung bei der nächsten Beurteilung einfach übernommen wird. Der Mitarbeiter erhält seine Einschätzung sozusagen als „Abonnement". An dieser Stelle sollte sich die Führungskraft fragen:

- Nimmt sie sich auch bei langjährigen Mitarbeitern immer noch die Zeit, wirklich detailliert zu beobachten und zu bewerten?
- Welche Mitarbeiter haben schon mehr als dreimal die gleichen Bewertungen erhalten? In diesem Fall sollte der Vorgesetzte die Einschätzungen nochmals kritisch überprüfen und sich bis zur nächsten Beurteilung zu den entsprechenden Verhaltensweisen immer wieder Notizen machen. Diese dienen dann bei der anstehenden Bewertung als Grundlage und Erinnerungsstütze.

Erstklassige Mitarbeiter werden zum Maßstab

Mitarbeiter als Bewertungsmaßstab

Manchmal dient ein außerordentlich guter Mitarbeiter zum Maßstab für die Beurteilung anderer Mitarbeiter. Eigentlich sollte aber die Bewertung aller Mitarbeiter anhand ihrer speziellen Anforderungsprofile erfolgen. Solche Mitarbeitervergleiche sind unfair und sagen nichts über die tatsächliche Leistung eines Mitarbeiters aus. Der Vorgesetzte sollte sich fragen:

- Gibt es in seinem Verantwortungsbereich einen Mitarbeiter, der die eigentlichen Anforderungen bei Weitem überschreitet?
- Hat die Führungskraft diesen Mitarbeiter vielleicht unbewusst als Maßstab zur Beurteilung ihrer anderen Mitarbeiter genommen?

Unser Urteil liegt stets im Mittelfeld

Tendenz zur Mitte

Viele Beurteilende tendieren dazu, die Bewertung in der Mitte der Beurteilungsskala anzugeben. Sie vermeiden die Extremurteile „sehr gut" und „sehr schlecht". Die Beurteilungsskala wird damit nie ausgenutzt. Die Ursache für diese Tendenz zur Mitte kann in der geringen Konfliktfähigkeit der Führungskraft liegen, sie will niemandem „wehtun". Es kann aber auch sein, dass der Vorgesetzte keine wirkliche Einschätzung vornehmen kann, weil ihm die Beurteilungsgrundlage fehlt. Eine Reflexion über folgende Punkte kann Abhilfe schaffen:

- Kann die Führungskraft ihren Mitarbeitern gegenüber auch klar Kritik äußern oder deutet sie diese immer nur an?
- Vertritt sie immer klar ihren Standpunkt, auch wenn dies für andere nicht immer angenehm ist?

Wir beurteilen nur gut oder nur schlecht

Beim nächsten Beurteilungsfehler wird ebenfalls nie die ganze Spannbreite der Beurteilungsmöglichkeiten ausgenutzt: Manche Führungskräfte nehmen überwiegend gute bis sehr gute – oder immer zu schlechte Beurteilungen vor.

Beurteilung in Extremen

Im letzteren Fall betrachtet der Vorgesetzte die Leistungen der Mitarbeiter durchweg sehr skeptisch, gute bis sehr gute Beurteilungen kommen gar nicht vor. Meist stellen solche Führungskräfte zu hohe Anforderungen an ihr Umfeld. Sie vergleichen den Mitarbeiter nicht mit dem eigentlichen Anforderungsprofil, sondern mit einem von ihnen entworfenen Ideal. Oft vertreten sie auch die Ansicht, dass sie keine Bestnoten vergeben können, weil sich der Mitarbeiter ansonsten „auf seinen Lorbeeren ausruhen" würde.

- Hält sich die Führungskraft für besonders kritisch oder besonders positiv beurteilend?
- Weichen ihre Beurteilungen sehr von den Selbsteinschätzungen ihrer Mitarbeiter oder den Beurteilungen ihrer Kollegen ab?

Kienbaum Kompetenztest: Beurteilungsfehlern vorbeugen

Grundsätzlich sollten Sie immer wieder reflektieren, inwieweit Sie für Beurteilungsfehler anfällig sind und wie Sie diesen vorbeugen können. Fragen Sie sich:

- Wie würden Kollegen, andere Vorgesetzte meinen Mitarbeiter beurteilen?
- Durch welche Einzeleigenschaften, die ich überaus positiv beurteile, lasse ich mich dazu hinreißen, andere, eventuell negative Eigenschaften zu übersehen?
- Bin ich der Überzeugung, dass ich einen Menschen eigentlich schon nach den ersten Minuten einschätzen kann? (Zur Überprüfung: Gab es Situationen, bei denen ich meine Ersteinschätzung später revidieren musste?)
- Passiert es mir manchmal, dass ich von Äußerlichkeiten, z. B. der Kleidung, der Brille, der Frisur etc. auf Persönlichkeitseigenschaften schließe?
- Würden meine Mitarbeiter von mir behaupten, dass ich besonders streng oder im Gegenteil besonders milde bei Einschätzungen vorgehe?
- Scheue ich mich, zu loben, oder strebe ich im Gegenteil absolute Harmonie an, gehe also konfliktären Situationen aus dem Weg?

Wege, um Fehler bei Beurteilungen auszuschließen

Drei Ebenen, um Beurteilungsfehlern vorzubeugen

Beurteilungsfehlern kann durch Maßnahmen auf drei verschiedenen Ebenen größtmöglich vorgebeugt werden:

1. Maßnahmen auf der Ebene des Beurteilenden,
2. Maßnahmen auf der Ebene der Beurteilungsinstrumente,
3. Maßnahmen auf der Ebene des Beurteilten.

Maßnahmen auf der Ebene des Beurteilenden

Zunächst einmal ist der Beurteilende selbst aufgefordert, sein entsprechendes Verhalten anhand der vorgestellten Fragen zu reflektieren. Zudem steigt die Objektivität, wenn er in der Handhabung der Beurteilungsinstrumente sowie in den psychologischen Grundlagen der Mitarbeiterbeurteilung geschult wird.

Maßnahmen auf der Ebene der Beurteilungsinstrumente und -verfahren

Geeignete Beurteilungsinstrumente sichern die Objektivität

Auch die Verwendung geeigneter Beurteilungsinstrumente kann dazu beitragen, eine möglichst hohe Objektivität sicherzustellen:

- *Systematische Vorgehensweise und der Einsatz zumindest teilstandardisierter Instrumente oder Verfahren zur Beurteilung:* Durch die beschriebene, systematische Vorgehensweise aus Anforderungsanalyse, Auswahl des Standardisierungsgrads sowie der Instrumente und durch den Beurteilungsvorgang – beobachten, beschreiben und bewerten – ist der Beurteiler gezwungen, sein Urteil anhand festgelegter Kriterien zu treffen und es auch gegenüber Dritten transparent zu machen.
- *Hinzuziehen weiterer Beurteilungen, Zusammenfassung zu einem Beurteilungssystem:* Die systematische, zumindest teilstandardisierte Methode bildet die Grundlage zur Vergleichbarkeit verschiedener Beurteilungen untereinander. Hierbei ist das Unternehmen bemüht, Mitarbeiterbeurteilungen von verschiedenen Seiten, z. B. in Form von 360 °-Beurteilungen, einzuholen. Bzw., es wird versucht, ein Beurteilungssystem zu etablieren, bei dem verschiedene Beurteilungsverfahren in unterschiedlichen Situationen und über längere Zeiträume hinweg zum Einsatz kommen, etwa die Durchführung von Zielvereinbarungsgesprächen, Potenzialanalyseverfahren und 360 °-Beurteilungen. Dadurch kann ein Abgleich und damit eine Relativierung der Einschätzungen erfolgen. Durch die systematische Erfassung aller Beurteilungen im Unternehmen ist es auch möglich, eventuelle Beurteilungsfehler aufzudecken und im weiteren Verlauf zu vermeiden. So kann z. B. ein Vergleich der Beurteilungswerte einer Führungskraft mit mehreren Mitarbeitern zeigen, dass dieser Vorgesetzte tendenziell nur sehr schlechte oder im anderen Extrem überwiegend herausragende Beurteilungen vergibt. Eine Rückspiegelung solcher Beurteilungstendenzen kann ihn anleiten, solche Beurteilungsfehler in Zukunft zu vermeiden.

Systematische Erfassung durch verschiedene Beurteilungen

Maßnahmen auf der Ebene des Beurteilten

Auch das Hinzuziehen der Beurteilung bzw. Selbsteinschätzung des Mitarbeiters kann die Objektivität steigern. Im Rahmen der Verfahren des 360 °-Feedbacks, von Potenzialbeurteilungsverfahren und dem Zielvereinbarungsgespräch erfragen Unternehmen die Selbsteinschätzungen des Mitarbeiters. Ein Abgleich zwischen Fremd- und Selbstbild kann auf beiden Seiten dazu führen, die eigenen Bewertungen kritisch zu reflektieren. Im Rahmen des Feedbackprozesses von Beurteilungen erfolgt ebenfalls ein gegenseitiger Austausch der Einschätzungen.

3.3 Programme zur Personalentwicklung

Personalentwicklung dient u. a. der Motivation

Personalentwicklungsmaßnahmen dienen nicht nur der Mitarbeiterqualifikation. Sie haben auch einen großen Einfluss auf die Mitarbeitermotivation und -bindung. Die entsprechenden Instrumente werden nach der Nähe zur Tätigkeit des Mitarbeiters unterschieden. So gibt es Maßnahmen on-, parallel- und off-the-job. Welche Methode ein Unternehmen heranzieht, um den Bildungsbedarf zu befriedigen, sollte von den jeweiligen Bereichen abhängen, die es beim Mitarbeiter zu entwickeln gilt. Allerdings sollte nicht nur eine einzige Methode herangezogen werden, weil die Möglichkeiten dann nicht ausgeschöpft werden. Auch hier bietet sich ein Methodenmix an, um ein optimales Ergebnis zu erzielen.

Kienbaum Expertentipp: Methoden zur Personalentwicklung

Wenn es um Business-Kompetenzen geht, also um Fachwissen, sollten Sie eine on-the-job-Maßnahme durch off-the-job-Maßnahmen ergänzen. So vermittelt ein Seminar z. B. die theoretischen Grundlagen, die der Trainee dann in seiner weiteren Verwendung benötigt.

Liegen die Entwicklungsfelder aber bei den Persönlichkeitsmerkmalen, kann eine parallel-the-job-Maßnahme wie ein Coaching die richtige Wahl sein. Während in Seminaren die Probleme simuliert werden, die der Mitarbeiter lösen soll, ermöglicht ein Coaching ein Lernen im Arbeitsalltag. Der Mitarbeiter wird in authentischen Situationen beobachtet und die Verbesserungsmaßnahmen setzen dort an, wo sie am effektivsten sind.

Training – die flexible Form der Wissensvermittlung

Große Vielfalt bei Trainings

Die wohl bekannteste Personalentwicklungsmaßnahme ist das Training. Es kann sowohl in-house, also unternehmensintern, als auch extern stattfinden und von neunzig Minuten bis zu mehreren Tagen dauern. Die Teilnehmerzahl kann von einzelnen oder mehreren Mitarbeitern eines Unternehmens bis hin zu ganzen Teams reichen. Kurz, Trainings sind eine überaus flexible Form der Wissens- und Verhaltensvermittlung. Es dürfte wohl heutzutage kaum noch einen Themenbereich geben, den nicht irgendein Trainingsanbieter in seinem Angebot hat.

Wie wird das Wissen vermittelt?

Ein gutes Training bietet mehr als ein interessantes Thema. Entscheidend ist die Präsentation der Inhalte: Der richtige Methodenmix ist der Schlüssel zum Erfolg. Trainerinput und Gruppenarbeit sollten sich abwechseln. Das fördert nicht nur die Aufmerksamkeit, vielmehr prägen sich Lösungen, die die Teilnehmer selbst erarbeitet haben, besser ein. Auch sollten verschiedene Techniken, um die Inhalte zu visualisieren, zum Einsatz kommen, wie z. B. Pinnwände, Metaplanwände und Overhead-Projektoren. In einem guten Training erhalten die Teilnehmer zum Schluss ein Ergebnisprotokoll mit Maßnahmenplan.

Klassische und innovative Trainingsformen

Innovative Trainings bei fortschrittlichen Unternehmen beliebt

Die Berater von Kienbaum unterscheiden in der Praxis zwischen klassischen Trainings zu Themen wie

- Kommunikation und Rhetorik,
- Führung,
- Moderation und Präsentation,
- Stress- und Konfliktmanagement,
- sonstige Arbeitstechniken und Projektmanagement

sowie innovativen Trainings. Letztere sind bei solchen Firmen sehr beliebt, die sich durch eine besonders fortschrittliche Unternehmenskultur von anderen unterscheiden wollen. Sie bieten ihren Mitarbeitern die Möglichkeit, z. B. folgende Trainings zu besuchen:

- *Teambuilding In- und Outdoor:* Bei diesen Trainings schaffen spielerische Übungen Teamerlebnisse, die es den Teilnehmern ermöglichen, sich gegenseitig besser kennenzulernen, eine gemeinsame Identität als Team herzustellen und die Stärken und Schwächen der Kollegen einzuschätzen. Die Übungen können outdoor – also im Freien – oder indoor stattfinden.
- *Work-Life-Balancing:* Seminare zu diesem Thema wollen den Mitarbeiter darin schulen, ein für sich und sein Unternehmen passendes Konzept zu etablieren, um Arbeit und Erholung in sinnvollen Einklang zu bringen. Dieses Training wird für Unternehmen und Mitarbeiter immer wichtiger. Es stellt sicher, dass insbesondere die sehr leistungsorientierten Mitarbeiter nicht dem Burn-out-Syndrom erliegen, weil sie sich dauerhaft überbeanspruchen und dies nicht mehr kompensieren können.

Trainings	
klassisch	innovativ
Kommunikation und Rhetorik	Work-Life-Balancing
Moderation und Präsentation	Emotionale Intelligenz
Arbeitstechniken	Creative Coachings
Führung	Teambuilding, transferorientiertes Outdoor-Training
Stress- und Konfliktmanagement	Visionäre Management
Projektmanagement	Open Space

Arbeit in der Gruppe: Workshops

Mitarbeiter erarbeiten ein Thema eigenständig

Auch Workshops gehören mittlerweile zu den Klassikern der Personalentwicklung. In ihnen erarbeiten Mitarbeiter zu einem vorgegebenen Thema in der Gruppe selbstständig Ergebnisse. Auch hier gibt es die unterschiedlichsten Arten von Workshops. Oft werden Workshopelemente auch in Trainings eingesetzt oder Trainings werden als vorstrukturierte Workshops durchgeführt. Die Abgrenzung ist nicht mehr trennscharf.

Innovative Workshopmethoden

Innovative Workshopmethoden kommen auch in der Personalentwicklung zum Einsatz, z.B. in Form von Innovations- oder Unternehmenstheaterworkshops oder als Workshops, in denen sich Mitarbeiter z. B. die Strategie ihres Unternehmens anhand einer visuell vereinfacht dargestellten Illustration erarbeiten – ähnlich wie in einem Gesellschaftsspiel. Die Teilnehmer erwerben die Kenntnisse also aktiv und selbst gesteuert.

Nachhaltigkeit der Ergebnisse

Aktives Erarbeiten hilft, mehr vom Erlernten zu behalten

Lernpsychologisch hat dies den Vorteil, dass die Mitarbeiter deutlich schneller lernen und mehr vom Erlernten behalten, als wenn sie nur Wissen durch reines Zuhören vermittelt bekommen. Studien haben bewiesen, dass sowohl die Quantität als auch die Nachhaltigkeit der Lernergebnisse deutlich steigen, wenn die Teilnehmer aktiv an der Erarbeitung der Ergebnisse beteiligt werden und alle Sinne dabei angesprochen werden.

Kienbaum Expertentipp: Lernerfolge

Ein Mensch behält nur zehn Prozent dessen, was er liest – aber 90 Prozent dessen, was er sich selbst aktiv erarbeitet und diskutiert hat.

Von einem erfahrenen Mentor profitieren

Mentoring findet parallel-the-job statt

Im Gegensatz zu Trainings und Workshops findet das Mentoring parallel-the-job statt. Seine Stärke liegt in der individuellen, persönlichen Betreuung des Mitarbeiters durch einen hierarchisch höher gestellten Mitarbeiter. Das muss nicht der Vorgesetzte sein – in vielen Fällen ist es sogar besser, wenn der Mentor mit dem Mitarbeiter nicht in einem Führungsverhältnis steht.

Was bringt ein Mentoring?

Das Mentoring hilft dem Mitarbeiter in verschiedenen Lebens- und Karrierephasen. Besonders hilfreich ist es beim Start in einer neuen Firma, um ihm die Orientierung und die Integration ins Unternehmen zu erleichtern. Aber auch wenn Veränderungen im Tätigkeitsbereich anstehen, etwa eine erweiterte Verantwortung oder die

Planung des nächsten Karriereschritts, steht der Mentor seinem Schützling zur Seite.

Wer ist als Mentor geeignet?

Lernen vom Vorbild

Beim Mentoring lernt der Mitarbeiter von einem Vorbild. Eine eindeutige Charakterisierung der Mentorenrolle existiert allerdings nicht. Es ist demnach völlig offen, inwieweit dieser mehr Identifikationsfigur, Förderer oder Berater ist. Als Mentor tritt meist eine Person auf, die einen entsprechenden Erfahrungsschatz in einem bestimmten Bereich besitzt. Darüber hinaus sollte sie über hohe soziale und Führungskompetenzen verfügen und Spaß daran haben, ihr Wissen und ihre Erkenntnisse an den Mentee, also den Mitarbeiter, der das Mentoring erhält, weiterzugeben.

Mitarbeiter ist selbst für Weiterentwicklung verantwortlich

Die Initiative und Verantwortung für die eigene Entwicklung liegt natürlich weiterhin beim Mitarbeiter. Von ihm hängt es ab, in welchem Umfang er das Mentoring für sich nutzt. Manche Mitarbeiter bevorzugen eine intensivere Betreuung, andere brauchen nur gelegentlich den guten Rat oder das konstruktive Feedback.

Beispiel: Formen des Mentorings

Herr Peters hat regelmäßige Geschäftsmeetings alle zwei bis drei Wochen mit seinem Mentor, in denen er über seine Erfolge und seine Herausforderungen spricht. Herrn Peters ist es sehr wichtig, zu hören, wie sein Mentor seine Herangehensweise an bestimmte Problemstellungen einschätzt. Im Gespräch besprechen die beiden dann die mögliche Vorgehensweise. Herr Peters trifft seine Entscheidung nach dem Meeting allein und berichtet im nächsten Treffen über die Ergebnisse.

Herrn Kluge hingegen befragt seinen Mentor nur, wenn er sich in Situationen befindet, in denen er konkret eine weitere ehrliche Meinung zu einer Fragestellung erhalten möchte. Dies kann zweimal im Monat vorkommen oder auch nur einmal im halben Jahr. Darüber hinaus treffen sich Herr Kluge und sein Mentor oft zum Abendessen, um ganz allgemein Erfahrungen und Sichtweisen auszutauschen.

Coaching – persönliche Entwicklung im Mittelpunkt

Ein Vorgesetzter hat die Aufgabe, die individuellen Fähigkeiten der Mitarbeiter laufend zu fördern. Führungskräfte von heute haben daher ein neues Rollenverständnis – weg vom klassischen Chef hin zum Coach. Beim Coaching stellt das gesamte Verhalten des Mitarbeiters am Arbeitsplatz das Zielfeld der Entwicklungsmaßnahmen dar, es geht also nicht nur um die fachliche Leistungsfähigkeit. Im Rahmen eines ganzheitlichen Ansatzes arbeiten Coach und Mitarbeiter permanent am Ausbau der Stärken und am Abbau der Schwächen. Das Coaching will Hilfe zur Selbsthilfe bieten.

Konsultativ-kooperative Grundhaltung ist Voraussetzung

Wer als Führungskraft seine Mitarbeiter coachen will, benötigt als Basis eine konsultativ-kooperative Grundhaltung. Das Mitarbeitercoaching trägt folgende Charakteristika:

- konkreter Anlass der Coachingsequenz,
- zeitliche Umgrenzung,
- gemeinsames Commitment für den Prozess,
- klare Zieldefinition,
- Festlegung präziser Erfolgskriterien,
- Einsatz fördernder Kommunikationstechniken,
- Evaluation zum Ende des Coachings sowie
- Abschlussgespräch.

So coachen Sie Ihre Mitarbeiter

Fünf Phasen des Coachings

Ein Coaching lässt sich in fünf wichtige Phasen unterteilen:

1. *Das Erstgespräch:*
   Die coachende Führungskraft und der Mitarbeiter, der im Coachingprozess auch Coachee heißt, besprechen im Erstgespräch, wie das Coachingprojekt initiiert werden soll. Die Führungskraft stellt in einem offenen Gespräch ihre Einflussmöglichkeiten als Coach den Erwartungen des Coachees gegenüber. Das Fundament eines jeden Coachings ist eine Vertrauensbeziehung zwischen Coach und Coachee. In diesem ersten Schritt wird dafür der Grundstein gelegt. Der Coach sollte hier überprüfen, inwieweit die wesentlichen Voraussetzungen für ein Coaching erfüllt sind:

- Hat sich der Coachee freiwillig für das Coaching entschieden?
- Lässt sich zwischen dem Coach und dem Coachee weitestgehende Offenheit vereinbaren?
- Akzeptieren und vertrauen sich die beiden als Partner?

2. *Die Zielbestimmung:*
   Wie bei jeder Führungstätigkeit ist auch beim Coaching die Zielvereinbarung unverzichtbar. Meist gibt es eine ganze Reihe von Herausforderungen, die das Coaching lösen soll. Die erste Aufgabe für den Coach ist, wenige wichtige Kernthemen zu bestimmen. Auch sollten die Coachingziele miteinander verknüpft sein, aufeinander aufbauen und so gefasst sein, dass das Finalziel – z. B. in fünf Jahren Mitglied der Geschäftsleitung zu sein – mit den Einzelzielen erreichbar ist. Damit ist die Schlüsselmotivation über den gesamten Zeitraum des Coachings hinweg sichergestellt.

   Zielvereinbarung ist Basis der Zusammenarbeit

   Um die Ziele transparent und verständlich zu gestalten, sollte der Coach die Ziele nach dem Smart-, Pure- und Clear-Modell (s. Seite 175) formuliert. Es ist auch wichtig, für jede Coachingsitzung konkrete Ziele zu definieren.
3. *Die Situationsanalyse:*
   Um die relevanten Informationen über den Coachee zusammenzutragen und wesentliche Entwicklungsfelder zu identifizieren, stehen dem Coach verschiedene Methoden zur Verfügung. Zu diesen Methoden gehören u. a. das 360 °-Feedback, der Einsatz von Fragebögen, Beobachtung on-the-job und die Potenzialanalyse. Das 360 °-Feedback und Fragebögen wurden schon an anderer Stelle vorgestellt (s. Seite 109). Bei der Beobachtung on-the-job begleitet der Coach den Coachee in Arbeitssituationen, die beide zuvor gemeinsam ausgewählt haben. Seine Beobachtungen hält der Coach mithilfe eines strukturierten Feedbackbogens, der individuell und auf die einzelnen Situationen bezogen erstellt wurde, fest. Der Feedbackbogen sollte zu beobachtende Verhaltensweisen vorgeben, sodass die Führungskraft schnell notieren kann, was sie beobachtet hat und was nicht.

   Verschiedene Methoden zur Ist-Analyse

Nach der Auswertung der Beobachtung erarbeiten Führungskraft und Mitarbeiter gemeinsam einen Maßnahmenplan, der dann als Leitfaden für die individuelle Verhaltensoptimierung dient.

4. *Die Erfolgsbewertung:*
   Anhand der gemeinsam vereinbarten Ziele ergeben sich die Bewertungskriterien für den Erfolg, den Coach und Coachee gemeinsam bewerten. Wenn die Kriterien zur Zielformulierung eingehalten wurden, dürfte es auch bei der Bewertung wenig Schwierigkeiten geben. Vor einem Abgleich des Soll-Profils mit dem Ist-Profil kann der Coach auch die bei der Situationsanalyse eingesetzten Methoden anwenden. Damit ergänzt er dann seine eigenen Beobachtungen. Stellt er Abweichungen fest, kann er gemeinsam mit dem Coachee an den noch nicht erfüllten Anforderungen arbeiten.
   Manchmal allerdings lassen sich auch smart, pure und clear formulierte Coachingziele nicht messen. In diesen Fällen entscheidet die persönliche Einschätzung des Coachees, ob er ein Ziel erreicht hat oder nicht.
5. *Der Abschluss des Coachings:*
   Sobald die Coachingsziele erreicht sind, kann das Coaching beendet werden. Sind die Ziele nicht erreicht, sollten Führungskraft und Mitarbeiter zur Maßnahmenplanung zurückkehren. Es ist aber auch möglich, dass sich neue Ziele ergeben haben, die einen neuen Prozess initiieren.
   Das Abschlussgespräch sollte als separates Treffen stattfinden. Es dient dazu, den Coachingprozess zu besprechen und die erreichten Veränderungen noch einmal zu reflektieren.

Erreichen der Coachingziele beendet das Coaching

Kienbaum Expertentipp: Transfer in den Alltag

Die Transfersicherung nach Abschluss des Coachings liegt in der Verantwortung des Coachees. Bieten Sie ihm an, einen „Transfervertrag mit sich selbst" abzuschließen, in dem festgehalten wird, was er wie erreichen möchte. Zudem sollten Sie ihm ein Hand-out mit allen eingesetzten Beurteilungsbögen und einem detaillierten Bericht über das Coaching mitgeben.

Eine Kopiervorlage für einen Vertrag mit sich selbst finden Sie auf Seite 211

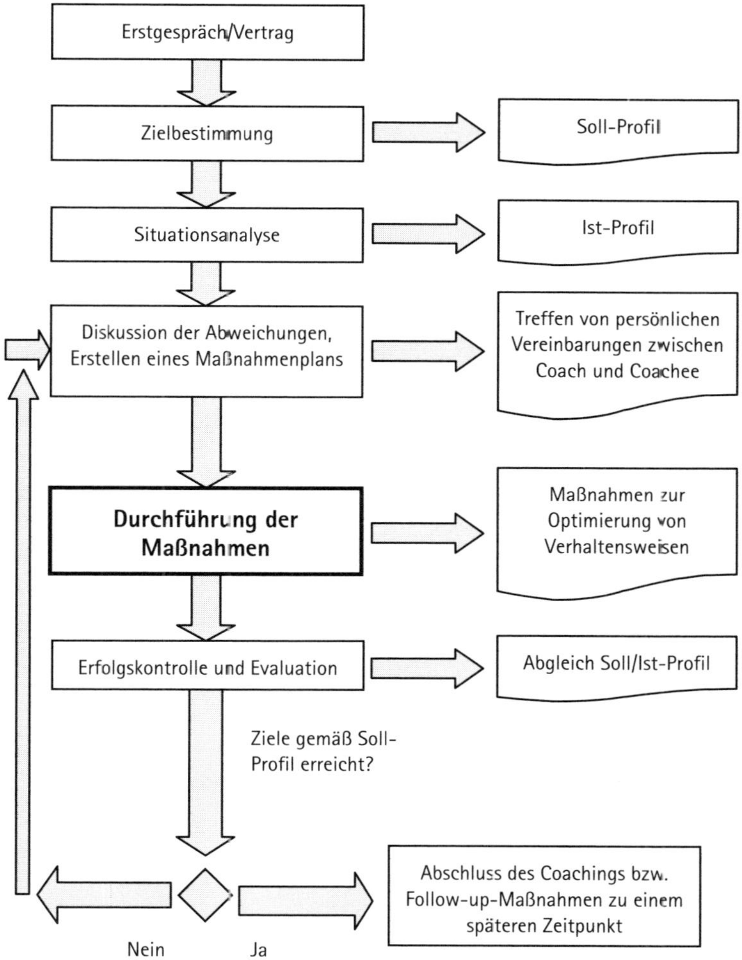

Ablauf eines Coachings

Seien Sie sensibel

Was ein Coach tun und lassen sollte

Coachinggespräche verlangen vom Coach höchste Aufmerksamkeit. Er muss aus den Schilderungen des Coachees die Gründe für sein Verhalten herauslesen. Daher ist es wichtig, mit dem Coachee sensibel umzugehen. Der Coach sollte einfühlsam und nicht schulmeisterlich reagieren. Wenn Sie als Coach auftreten, sollten Sie darauf achten, dass Sie

- nicht in einen Verhörstil verfallen. Damit zerstören Sie das Vertrauensverhältnis zwischen Ihnen und dem Coachee.
- dem Coachee nicht das Gefühl geben, sich rechtfertigen zu müssen. Wenn er dies tut, ist das ein deutliches Signal dafür, dass er sich persönlich angegriffen fühlt.
- keine fertigen Lösungen präsentieren. Zwar ist diese Versuchung groß, wenn der Prozess ins Stocken geraten ist. Allerdings verfehlt das Coaching dann das Ziel, Hilfe zur Selbsthilfe zu geben. Vorsichtig muss der Coach auch mit seinen eigenen Vorschlägen umgehen, hierbei sollte er abwägen zwischen direktivem und nondirektivem Vorgehen. Zu direktives Vorgehen kann zu Reaktanz, d. h. Widerstand, oder aber auch zu Abhängigkeiten führen.

Checkliste: Nach dem Coachingprozess	
	✓
Es ist mir gelungen, Vertrauen aufzubauen.	
Die vereinbarten Ziele waren smart, pure und clear.	
Ich habe differenziert nachgefragt.	
Ich bin nicht in einen Verhörstil verfallen.	
Ungenaue Schilderungen und Vergleiche habe ich konkretisiert.	
Der Coachee wurde von mir nicht in eine Lage gebracht, in der er sich rechtfertigen musste.	
Ich habe überprüft, ob die Ziele erreicht wurden.	
Ich habe dem Coachee keine fertigen Lösungen und Antworten präsentiert.	
Ich habe dem Coachee keine Lösungen aufgezwungen.	
Ich war mit dem Coachee weder zu streng noch zu nachsichtig.	
Ich habe das Vertrauen des Coachees nicht missbraucht.	

Kienbaum Expertentipp: Coaching für Führungskräfte

Die parallel zum üblichen Führungsprozess zwischen Mitarbeiter also in diesem Fall Coachee, und Führungskraft, d. h. hier Coach, vereinbarte Coachingbeziehung kann, auch abhängig von der Hierarchieebene, an ihre Grenzen stoßen In der Praxis zeigt sich, dass Führungskräfte sich selbst zumeist mit Unterstützung eines externen Coachs auf eine neue Leistungsebene heben. Die kompetenzfokussierten Karrierecoachings der Autoren dienen einer zielorientierten Performanceoptimierung.

Mit Laufbahnmodellen Mitarbeiter fördern

Experten- und Projektlaufbahnen in den Unternehmen

Weil die Hierarchiestrukturen in Unternehmen immer flacher sind, muss die klassische „Karriere" im Sinne eines Leiteraufstiegs überdacht werden. Moderne Laufbahnmodelle verstehen „Karriere" nicht mehr als stetige Beförderung von einer Hierarchiestufe zur nächsten, sondern stellen die kontinuierliche Weiterentwicklung des Mitarbeiters in den Vordergrund. Das schließt neben einem vertikalen auch den horizontalen Wechsel von Positionen nicht aus. Unternehmen etablieren neben der klassischen Führungslaufbahn zunehmend auch Spezialisten- bzw. Fachlaufbahnen sowie Projektlaufbahnen.

Die klassische Karriere: die Führungslaufbahn

Die Führungslaufbahn stellt den klassischen hierarchischen Aufstieg im Unternehmen dar und lässt sich folgendermaßen klassifizieren:

- Es ist nur ein vertikales Weiterkommen entlang der Hierarchieebenen möglich.
- Der Kommunikationsfluss und die Entscheidungsbefugnisse unterliegen starren Regeln.
- Mit zunehmendem Aufstieg nehmen administrative Tätigkeiten ab, Führungs- und Budgetverantwortung steigen.

Karriereperspektive vor allem für Leistungsträger wichtig

In Unternehmen mit flachen Hierarchien sind solche klassischen Führungslaufbahn kaum mehr möglich ist. Die Perspektive, sich weiterentwickeln zu können, ist aber insbesondere für Top-Performer und Leistungsträger von großer Bedeutung.
Manchmal sind Führungslaufbahnen auch deshalb nicht möglich, weil die Kandidaten die Kriterien für den nächsten Karriereschritt

nicht erfüllen. Neben dem Leistungsprinzip verfahren traditionelle Unternehmen noch oft nach dem sogenannten Senioritätsprinzip, d. h. die Beförderung erfolgt aufgrund von Lebensalter bzw. Betriebszugehörigkeit. Für junge Mitarbeiter, die aufgrund des Senioritätsprinzips in ihrer Weiterentwicklung behindert werden, ist das sehr frustrierend.

Aufstieg ohne Führungsverantwortung: die Spezialistenlaufbahn

Merkmale einer Spezialisten-laufbahn

Die Spezialistenlaufbahn oder auch Fach- und Expertenlaufbahn bietet insbesondere hoch spezialisierten Mitarbeitern, die keine Führungsverantwortung übernehmen möchten, planbare Entwicklungsmöglichkeiten. Die Spezialistenlaufbahn zeichnet sich aus durch:

- einen hohen fachlichen Aufgabeninhalt,
- geringe oder keine Führungsverantwortung,
- den Aufstiegsgedanken.

In den Köpfen vieler Mitarbeiter ist die Führungskarriere meist mit mehr Prestige verbunden als die Karriere des Spezialisten bzw. Experten. Unternehmen, die Laufbahnen für Experten eingeführt haben, versuchen dem entgegenzuwirken, indem:

- die Fachlaufbahn in ihrem Positionsgefüge parallel zur Führungslaufbahn verläuft,
- die Titel der einzelnen Stufen so gewählt werden, dass sie die „Gleichwertigkeit" zur jeweiligen Einteilung der Führungslaufbahn widerspiegeln,
- Anreize und Gehaltsbänder denen der Führungslaufbahn angepasst werden,
- die Parallelität der beiden Laufbahnen einen Wechsel zwischen beiden grundsätzlich ermöglicht.

Beispiel: Einbindung des Experten

Meist hat der Experte eine Stabsstelle inne, ist also disziplinarisch dem nächsthöheren Vorgesetzten aus der Führungslaufbahn unterstellt. Er verfügt aber je nach Rangstufe über weitreichende fachliche Entscheidungsspielräume.

Neben einer vertikalen ist bei dieser Karriere auch eine horizontale Weiterentwicklung möglich. Beförderung kann dabei auch bedeuten, den Verantwortungsrahmen zu erweitern, z. B. durch die Erhöhung des Budgets, die Ausweitung der fachlichen Verantwortung und des Handlungsrahmens.

Horizontale und vertikale Weiterentwicklung möglich

Kienbaum Expertentipp: Fachwissen allein sollte entscheiden

Die Expertenlaufbahn sollte nicht dazu missbraucht werden, unfähige Führungskräfte loszuwerden. Für die Expertenkarriere zählt einzig das Leistungs- und Wissensprinzip: Nur, wer die nötige Leistung erbringt und über die entsprechende Expertise verfügt, sollte von der Führungs- in die Fachlaufbahn wechseln können.

Ein Nachteil der Expertenkarriere ist darin zu sehen, dass sie nur bis zu einem gewissen Punkt parallel zur Führungskarriere verläuft. Welches Unternehmen kann sich Experten leisten, die in das gleiche Gehaltsband wie z. B. ein Geschäftsführer fallen? Die oberste Stufe der Fachleiter entspricht vor allem in traditionellen Großunternehmen meist nicht der Führungskarriere.

Die Expertenkarriere fördert natürlich das Spezialistentum im Unternehmen. Das birgt die Gefahr, sich „Fachidioten" heranzuzüchten. Diese sind mit zunehmender Spezialisierung weniger flexibel einsetzbar und vernachlässigen über der Begeisterung für fachliche Fragen oft die wirtschaftliche Kosten-Nutzen-Relation.

Das Real-Life-Assessment: die Projektlaufbahn

Die Arbeit in Projekten hat in den letzten Jahren eine immer größere Bedeutung gewonnen. Oft arbeiten Mitarbeiter neben ihrem „normalen" Job in einem oder mehreren Projektteams in unterschiedlichsten Zusammensetzungen und mit unterschiedlichen Zielen. Unter einem Projekt wird dabei eine zeitlich begrenzte, also mit festem Start- und Endzeitpunkt versehene Übertragung von definierten, komplexen und einmaligen Aufgabenstellungen verstanden. Die Arbeit in Projekten ist eine Karriere auf Zeit und wird oft zur Qualifizierung von Mitarbeitern bzw. auch als eine Art „Real-Life-Assessment" eingesetzt.

Übertragung von einmaligen Aufgabenstellungen

Die Projektlaufbahn ist entweder in die Linienlaufbahn integriert oder ergänzt sie. Da die Projektleiter vor allem Führungskompetenzen benötigen, stammen sie meist aus den Reihen der Führungslaufbahn. Die Projektmitarbeiter, die aufgrund ihrer zugewiesenen Aufgaben im Projekt über eine hohe fachliche Expertise verfügen müssen, kommen aus dem Kreis der Spezialisten. Aber auch eine Projektkarriere vom Projektmitarbeiter zum Projektleiter, von kleineren zu strategisch wichtigen Projekten hin ist gegeben. Damit ist eine Querdurchlässigkeit aller drei Laufbahnmodelle möglich.

In der Projektlaufbahn lassen sich keine Positionen wie in der Fach- oder Führungskarriere bestimmen. Auch die fachliche und disziplinarische Unterstellung ist entsprechend verschwommen und führt gerade bei der Durchführung von strategisch wichtigen Projekten oft zu einem Machtgerangel zwischen Projektleiter und anderen Linienführungskräften.

Projekte bedeuten zusätzliche Belastung für Mitarbeiter

Für den Mitarbeiter, der an Projekten neben der eigentlichen Positionsaufgabe teilnimmt, bedeutet das eine zusätzliche Belastung. Bei groß angelegten Projekten, die über einen längeren Zeitraum laufen, ist die Frage der Reintegration in eine entsprechende Position nach Projektende übrigens schwierig.

Beispiel: Schwierigkeiten bei der Reintegration

Frau Forster stellt fest, dass ihr „alter" Arbeitsplatz nach Abschluss eines längeren Projekts schon vergeben ist. Ein neuer, für den sie sich nach erfolgreicher Erledigung des Projektziels eigentlich qualifiziert hat, ist noch nicht in Sicht.

Welche Bedeutung haben Laufbahnmodelle für Führungskräfte?

In der heutigen Zeit sind Unternehmen gezwungen, flexiblere Strukturen und Laufbahnmodelle anzubieten. Auch wenn im Unternehmen noch keine Laufbahnmodelle institutionalisiert wurden, lassen sich zumindest einzelne Positionen entdecken, die nicht unbedingt in die traditionelle Führungslaufbahn passen. Meist werden – insbesondere für Spezialistenlaufbahnen – Ausnahmeregelungen geschaffen.

Möglichkeit, Potenzialträger zu fördern

Auch die Projektarbeit nimmt in Unternehmen weiter zu, selbst wenn sie noch nicht in entsprechende Laufbahnmodelle integriert ist. Eine Führungskraft sollte, wenn dies möglich ist, zumindest die

Projektarbeit nutzen, um ihre Mitarbeiter, insbesondere Potenzialträger, zu fördern.

Kienbaum Expertentipp: Laufbahnmodelle

Nach unseren Erfahrungen ergibt sich meist von „innen" heraus die Notwendigkeit, über die Institutionalisierung von Laufbahnmodellen nachzudenken. Wenn Unternehmen in größerem Maße Projektarbeit einsetzen, werden Hierarchien durch Umstrukturierungen zunehmend flacher und es gibt immer mehr Spezialisten, die sich nicht in die traditionelle Führungslaufbahn integriert lassen. Als Führungskraft sollten Sie sich dafür einsetzen, dass neue Laufbahnmodelle diskutiert und gegebenenfalls eingeführt werden.

3.4 Retention: So binden Sie gute Mitarbeiter ans Unternehmen

Mitarbeiterbindung als Zukunftssicherung

Für Unternehmen wird es in Zukunft immer wichtiger, gute Mitarbeiter und vor allem Schlüsselfiguren zu halten. Da Wissen und Erfahrung wertvolle Ressourcen sind, bedeutet der Weggang hoch qualifizierter Arbeitnehmer einen großen Verlust. Damit es erst gar nicht so weit kommt, gibt es integrierte Retention-Programme: Durch spezielle Aktivitäten sollen Leistungsträger an das Unternehmen gebunden werden.

Warum wechselt ein Mitarbeiter das Unternehmen?

Bevor ein Retention-Programm entwickelt werden kann, gilt es zunächst, die Gründe zu identifizieren, die für die Fluktuation verantwortlich sind – denn am Geld liegt es in den meisten Fällen nicht oder zumindest nicht allein. Fluktuation wird zu Recht auch als eine Folge ungelöster Motivationsprobleme betrachtet.

Auslöser und Verstärker

Bei den Kündigungsgründen lassen sich Auslöser und Verstärker unterscheiden. Während die Auslöser den eigentlichen Grund der Kündigung darstellen, wirken die Verstärker auf Tendenzen, können also sowohl den Verbleib als auch den Weggang forcieren. Beide Faktoren sind nicht ganz klar voneinander zu trennen.

Auslöser	Auslöser oder Verstärker	Verstärker
• soziale Struktur • Lebenswirklichkeit im Unternehmen • Chef-Mitarbeiter-Beziehung • Arbeitsinhalt • geistige Herausforderung • Sinn der Arbeit • Spaß an der Arbeit • Erfolgserlebnisse • subjektive Gerechtigkeit • Lohngerechtigkeit • Fairness	• Technologie • Grad/Niveau der Technologisierung • Produktvollzug • Arbeitsplatzgestaltung • Arbeitszeitregelung • formale Organisationsstruktur • beruflicher Aufstieg • monetäre Faktoren • Gehaltsgröße • Gehaltsform • Beteiligungssystem • Sozialleistungen • Unternehmensstruktur	• Branchenzugehörigkeit • Branchenimage • Standort • Firmengröße • Image des Unternehmens

Beispiel: Auslöser und Verstärker

Ein Mitarbeiter wird bei einer Beförderung übergangen und kündigt daraufhin seine Stelle. Auslöser für die Kündigung waren dabei aus Sicht des Mitarbeiters fehlende Fairness, subjektive Ungerechtigkeit, fehlende Erfolgserlebnisse – seine Arbeit wurde nicht so gewürdigt, wie sie seiner Meinung nach hätte gewürdigt werden müssen. Gegebenenfalls kommt noch hinzu, dass er sich in seiner aktuellen Funktion geistig unterfordert fühlt und daher auch kaum noch Spaß an der Arbeit hat.

Die Entscheidung für die Kündigung fiel ihm nicht besonders schwer, da verstärkend hinzukam, dass das Image des Unternehmens in der Öffentlichkeit in den letzten Monaten aufgrund von Massenentlassungen gelitten hatte und auch er bezüglich eigentlich anstehender Gehaltserhöhungen eine Nullrunde in Kauf nehmen musste.

Faktoren der Mitarbeiterbindung

Maßnahmen, um Kündigungen zu vermeiden

Sind die Gründe für die Fluktuation benannt, können die betroffenen Unternehmen Maßnahmen zur Vermeidung weiterer Kündigungen aufsetzen. Gleichzeitig gilt es, diejenigen Faktoren zu stärken, die den Mitarbeiter an die Firma binden. Denn die Entwicklung eines Retention-Programms muss nicht nur die Kündigungsgründe berücksichtigen, sondern auch die Umstände, die Mitarbeiter an ein Unternehmen binden und eine bewusste Entscheidung für den Arbeitgeber ermöglichen und festigen.

Ebenen der Mitarbeiterbindung

Unternehmens-, Führungs- und Mitarbeiterebene

Retention-Programme können auf der Unternehmens-, der Führungs- und der Mitarbeiterebene ansetzen. Sie sind vorstellbar als Spielfeld, auf dessen einzelnen Abschnitten mit den jeweiligen Faktoren der Mitarbeiterbindung „gespielt" wird. Die Faktoren der Mitarbeiterbindung sind:

- Sinnhaftigkeit, d. h. Strategie und Vision,
- emotionale Bindung und Klima, dies spricht das Image und die Kultur des Unternehmens an,
- Sicherheit, d. h. die Frage des Personalmanagements,
- Aufgaben, also die Führung,
- Karriereperspektiven, das bedeutet die Personalentwicklung,
- Vergütung sowie
- Selbstbestimmung, also Arbeitszeit und Life-Balancing.

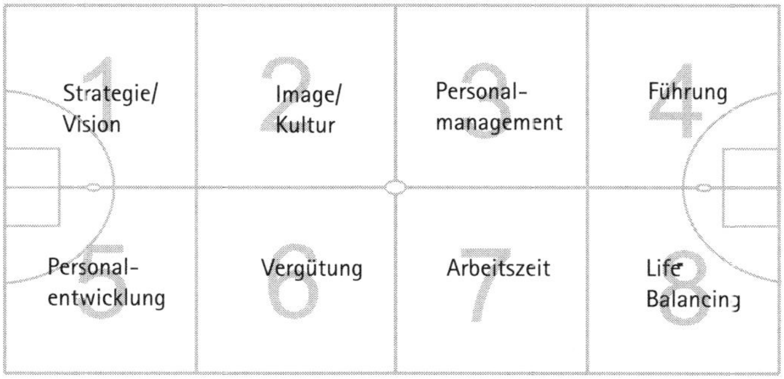

Das Retention-Spielfeld

Maßnahmen auf der Unternehmensebene

Die Felder 1 und 2, also die Strategie und Vision sowie das Image und die Kultur, umfassen die Mitarbeiterbindung auf der Unternehmensebene. Organisationen haben sowohl eine Innen- als auch eine Außenwirkung. Idealerweise tragen beide dazu bei, dass sich Mitarbeiter an das Unternehmen gebunden fühlen.

- Die Strategie bzw. die Vision wirken nach innen. Identifiziert sich der Mitarbeiter mit beiden, wird er sich auch mit den Zielen des Unternehmens identifizieren.
- Für die Bindung der Arbeitnehmer ist aber auch das Image relevant. Sie arbeiten lieber in einer Firma, die in der Öffentlichkeit ein gutes Ansehen genießt.

Attraktivität als Arbeitgeber steigern

In diesem Zusammenhang gewinnt auch das sogenannte Employer Branding, also die Etablierung des Unternehmens nicht nur durch seine Produkte, sondern als Arbeitgeber, zunehmend an Bedeutung. Mitarbeitern ist es in immer höherem Maße wichtig, dass sie gefördert werden, ihrer Leistung entsprechend vergütet werden und dass das Unternehmen in schwierigen Unternehmensphasen ein sozial vertretbares Trennungsmanagement durchführt.
Auch das Thema Corporate Social Responsibility, also wie das Unternehmen soziale Verantwortung übernimmt, spielt eine immer größere Rolle. Firmen, die aufgrund ihrer Produkte traditionell ein eher schlechteres Image in der Bevölkerung haben, wie z. B. Unternehmen in der Öl- und Zigarettenindustrie, versuchen, ihr Image als Unternehmen zu verbessern, indem sie vermehrt sozial aktiv werden.

Möglichkeiten auf der Führungsebene

Führungskraft hat direkte Auswirkung auf Motivation

Die Felder 3 und 4, das Personalmanagement und die Führung, thematisieren die Qualität der direkten Führungsarbeit. Sie hat die größte direkte Auswirkung auf den Motivationsprozess (s. Seite 41ff.). In diesen Bereich fallen die Nutzung unternehmensweiter Führungsinstrumente und das allgemeine Personalmanagement in all seinen Facetten.

Maßnahmen auf der Mitarbeiterebene

Die Felder 4 bis 8 betreffen die Personalentwicklung, Vergütung, Arbeitszeit und Work-Life-Balance. Hier geht es um die Entfaltung und Selbstverwirklichung der Mitarbeiter. Zielgerichtete Personalentwicklungsmaßnahmen unterstützen sie darin, die eigene Leistungsfähigkeit zu erhalten. Auch eine angemessene, leistungsorientierte Vergütung trägt zur Mitarbeiterbindung bei. Flexible Arbeitszeitmodelle und die Unterstützung der Work-Life-Balance eröffnen dem Mitarbeiter Freiräume, damit er sich persönlich weiterentwickeln kann.

Welche Anreize Sie den verschiedenen Mitarbeitertypen bieten sollten

Mitarbeitertypen und Anreize

Eins ist sicher: Jeder Mitarbeitertyp braucht andere Anreize. Die folgende Tabelle zeigt, welche Motivationsmechanismen bei welchem Typ greifen:

	Geld	Lob	Partizipation
Einkommensmaximierer	5	2	2
Statusorientierte	4	4	2
Selbstbestimmte	1	2	5

1=geringe Bedeutung
5=hohe Bedeutung

- Der sogenannte „Einkommensmaximierer" lässt sich am besten durch Geld motivieren. Er schöpft hingegen wenig Nutzen aus der Aufgabe.
- Der „Statusorientierte" wird getrieben von seiner Positionierung im Unternehmen und dem Vergleich mit anderen. Er umgibt sich gern mit Gütern, die seinen Abstand zu anderen dokumentieren.
- Der „Selbstbestimmte" ist eine eher introvertierte Persönlichkeit und lässt sich von einer eher idealistischen Werthaltung leiten.

Kienbaum Kompetenztest: Mitarbeiterbindung verbessern

Reflektieren Sie von Zeit zu Zeit, inwieweit Sie in Ihrem Verantwortungsbereich die Mitarbeiterbindung verbessern können:

Auslöser und Verstärker

1. Überlegen Sie, welche Auslöser und Verstärker für eine Kündigung gegebenenfalls bestehen können.
2. Überlegen Sie, auf welche Faktoren Sie direkten Einfluss nehmen können.
3. Leiten Sie konkrete Aktionen ab, die die Mitarbeiterbindung in diesem Bereich verstärken können (z. B. positive Faktoren an Ihre Mitarbeiter verstärkt kommunizieren).
4. Erstellen Sie einen Aktionsplan, wann und wie Sie diese Aktionen umsetzen werden.

Mitarbeiter typenspezifisch ans Unternehmen binden

1. Überlegen Sie sich anhand der dargestellten Tabelle, welche Mitarbeitertypen sich in Ihrem Team befinden.
2. Erstellen Sie eine Tabelle und überlegen Sie, welchen Mitarbeiter was motiviert.
3. Überlegen Sie in einem nächsten Schritt, was Sie welchem Mitarbeiter anbieten können, um ihn stärker an das Unternehmen zu binden. Werden Sie hierbei so konkret wie möglich (z. B. wenn ein Mitarbeiter sich eher dadurch motiviert, dass er sich selbst verwirklichen kann: Welche Weiterentwicklungsmöglichkeiten und aufgabenspezifischen Herausforderungen können Sie ihm bieten?)
4. Schreiben Sie konkrete Vorschläge für jeden Mitarbeiter auf und verifizieren sie diese im nächsten Mitarbeitergespräch.

Retain the best: Das Konzept 20-70-10

Überblick über das vorhandene Potenzial

Unternehmen gehen in zunehmendem Maße dazu über, ihre Mitarbeiter, insbesondere ihr Management und ihre Führungsnachwuchskräfte, über Leistungs- und Potenzialbeurteilungsverfahren systematischen Ratingverfahren zu unterziehen. So wollen sie eine Übersicht über das vorhandene Potenzial im Unternehmen gewinnen. Insbesondere in wirtschaftlich schwierigen Zeiten ist es für das Unternehmen wichtig, seine Spitzenleister, also die Top-Performer, seine Leistungsträger und die Minderleister zu kennen.

Längst gehen sie bei der Personalförderung nicht mehr nach dem Gießkannenprinzip vor, bei dem jedes Pflänzchen in der Hoffnung begossen wird, dass aus ihm einmal ein tragender Baum wird. So wird z. B. ein dreiteiliges Personalportfolio abgebildet:

- 20 Prozent Top-Leister
- 70 Prozent Leistungsträger
- 10 Prozent Minderleister

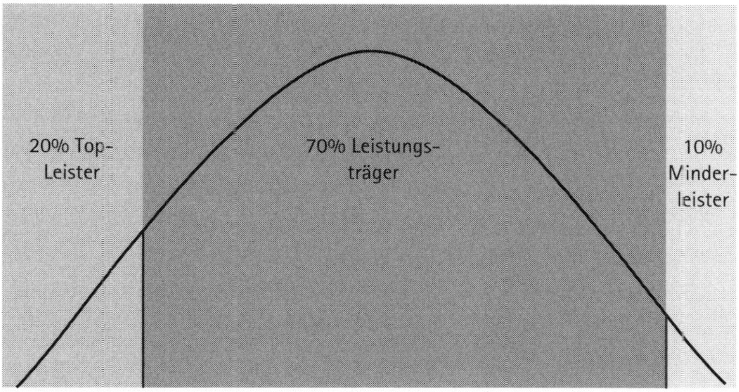

Konzept 20-70-30

Pragmatisch, aber nicht zu differenziert

Das Konzept 20-70-10 geht auf einen der bekanntesten Manager unserer Tage, Jack Welch, zurück. Natürlich ist es auch möglich, eine Klassifizierung in mehr als drei Gruppen oder eine andere prozentuale Gewichtung vorzunehmen. Wichtig ist das Grundprinzip des Konzepts: eine Gesamtübersicht über die Performance der Mitarbeiter im Unternehmen zu erhalten. Die Dreiteilung hat sich bewährt, weil sie weder zu pragmatisch noch zu differenziert ist.

Binden Sie die Besten ans Unternehmen

Warum ist diese Leistungsübersicht insbesondere in schlechten Zeiten so wichtig? Zum einen weiß das Unternehmen dann, wer zu den zehn Prozent Minderleistern gehört, und zum anderen, welche Mitarbeiter aufgrund ihrer Kompetenzen von großer Bedeutung für das Unternehmen sind. Qualifizierungsmaßnahmen befähigen die

Leistungsträger dann, sich in Richtung der Top-Leister zu verbessern.

Top-Leister finden auch in wirtschaftlich schwierigen Zeiten einen Job

Die Top-Leister sind gerade in wirtschaftlich angespannten Zeiten unverzichtbar, weil sie den größten Wertschöpfungsbeitrag leisten. Sie gilt es, durch gezielte Retention-Maßnahmen an das Unternehmen zu binden. Wenn diese wichtigen Mitarbeiter keine Perspektiven mehr sehen, verlassen sie das Unternehmen – spätestens, wenn Entlassungen der Minderleister kurz bevorstehen, suchen sie sich einen anderen Arbeitgeber. Die Top-Leister wissen, dass es für sie auch in schlechten Zeiten noch Chancen gibt, einen guten und vor allem sicheren Arbeitsplatz zu finden.

Verlassen die ersten Top-Leister das Unternehmen, setzt insbesondere in der oberen Hälfte der Leistungsträger rege Betriebsamkeit ein. Jeder versucht, „den Absprung zu schaffen". Überspitzt ausgedrückt: Während die Unternehmensleitung vielleicht noch darüber sinniert, wie sie sozial verträglich vorgehen soll, verlassen genau die Mitarbeiter das Unternehmen, die jetzt am dringendsten gebraucht werden. Hingegen verweilen die Minderleister so lange wie möglich im Unternehmen.

Konzentration auf die Leistungsträger

Manche Unternehmen betreiben einen sehr großen Aufwand, die nicht so leistungsfähigen Mitarbeiter zu entwickeln – statt ihr Augenmerk auf jene Mitarbeiter zu lenken, von denen sie wirklich profitieren könnten. Tatsächlich aber benötigen sie eine gezielte Personalentwicklung und strategische Karriereplanung für die „oberen 50". Im Gegensatz zu vergangenen Zeiten, in denen die Unternehmenszugehörigkeit nicht selten fast ein (Arbeits-)Leben lang bestand, zeigt sich nämlich heute die Tendenz zum „Job-Hopping": Zielstrebige Mitarbeiter, denen sich keine Aufstiegsmöglichkeit bieten, wechseln zu Unternehmen, in denen sie ihre nächsten Karriereschritte machen können.

Was bedeutet das Konzept 20-70-10 für Sie als Führungskraft?

Eine Führungskraft kann selbst dann das Konzept 20-70-10 in ihrer Arbeit berücksichtigen, wenn es im Unternehmen noch relativ unbekannt ist. Sie sollte ihre Leistungs- und Potenzialträger kennen und „pflegen".

Die Herausforderung besteht darin, die Leistungsträger langfristig an das Unternehmen zu binden. Das gelingt, indem ihnen anspruchsvolle und fordernde Aufgaben übertragen werden und es ihnen ermöglicht wird, sich aus ihrem Verantwortungsbereich hinauszuentwickeln. Die Führungskraft sollte frühzeitig gemeinsam mit dem Leistungsträger nach Karrieremöglichkeiten innerhalb des Unternehmens suchen.

Potenzialträger fordern besondere Aufmerksamkeit

Auch die Potenzialträger in Ihrem Verantwortungsbereich verdienen besondere Aufmerksamkeit. Diese sollte die Führungskraft individuell so fördern und fordern, dass sie sich zu Leistungsträgern entwickeln können.

4 Verantwortung übertragen und mit Zielen führen

Erfolgreich kann ein Unternehmen heutzutage nur arbeiten, wenn alle Arbeitnehmer motiviert an einem Strang ziehen. Dazu ist es notwendig, dass die Mitarbeiter die Strategie und die Unternehmensziele kennen und verstehen, inwiefern sie daran aktiv mitwirken können. Die Aufgaben der Führungskraft bestehen in diesem Zusammenhang

- in der gezielten und sinnvollen Delegation von Aufgaben und Verantwortung,
- im Aufzeigen der Zusammenhänge von Unternehmensstrategie und persönlichen Zielen
- sowie in der Formulierung von erreichbaren, motivierenden Zielen für die einzelnen Mitarbeiter.

4.1 Wie Sie richtig delegieren

Nutzen des Delegierens

Eine Führungskraft, die richtig delegiert, erreicht zweierlei: Sie selbst wird entlastet und sie stärkt gleichzeitig den Mitarbeiter in seiner Selbstverantwortung, was wiederum seine Motivation erhöht. In der Praxis zeigt sich jedoch, dass das Delegieren vielen Vorgesetzten schwerfällt.

Beauftragen Sie nicht, delegieren Sie

Viele Führungskräfte übergeben einem Mitarbeiter eine Aufgabe und erwarten, dass dieser sie in exakt den Schritten abarbeitet, die sich die Führungskraft vorher überlegt hat. Ein solches Vorgehen hat aber mit Delegation wenig zu tun.

Scheindelegationen geben den genauen Weg vor

Scheindelegationen demotivieren den Mitarbeiter

Bei Scheindelegationen wird die Aufgabe zu einem Auftrag, dessen einzelne Schritte schon im Kopf der Führungskraft vorgezeichnet sind. Der Mitarbeiter soll diese Schritte verfolgen und abarbeiten. Hierbei kann keine Selbstverantwortung entstehen, da der Mitarbeiter keine Verantwortung erhält.

Beispiel: Scheindelegation

„Frau Schmitt, ich möchte, dass Sie das Projekt XYZ koordinieren. Bitte erstatten Sie mir jeden Morgen über den Projektstand Bericht, damit wir dann entscheiden können, was zu tun ist."

Bei echter Delegation entscheidet der Mitarbeiter

Echte Delegation bedeutet, dass der Mitarbeiter vollständig für die Erfüllung der Aufgabe verantwortlich ist. Echte Delegationen lassen sich klar von Scheindelegationen unterscheiden. Sie haben Missionscharakter, der Mitarbeiter erhält seine Aufgabe und einen Termin, zu dem sie erledigt sein muss. Wie er an die Tätigkeit herangeht, bleibt ihm überlassen – die Führungskraft steht ihm dabei nur als Ansprechpartner zur Verfügung.

Beispiel: Echte Delegation

Frau Schmitt, ich möchte, dass Sie das Projekt XYZ koordinieren. Bitte überprüfen Sie den Projektstand und -fortschritt und treffen Sie die geeigneten Maßnahmen, damit die festgelegten Projektziele erreicht werden. Bitte informieren Sie mich an den Stellen und Meilensteinen, an denen Sie dies für notwendig halten. Bei Problemen oder Fragen können Sie mich jederzeit ansprechen."

Mitarbeiter übernimmt Verantwortung

Eine Führungskraft sollte daher nicht nur Aufgaben, sondern auch Verantwortungen delegieren. Dies bedeutet, dass sie dem Mitarbeiter zur Erledigung eines Arbeitsauftrags die größtmögliche Verantwortung übertragen sollte. Damit gibt sie keinesfalls ihre Verantwortung ab. Nach wie vor fällt es in ihre Zuständigkeit, sicherzustellen bzw. zu überprüfen, dass die Aufgaben im Sinne der Zieldefinition erfüllt wurden.

Der Mitarbeiter kann im Rahmen der vorgegebenen Rahmenbedingungen und Kriterien eigenverantwortlich entscheiden, wie er vorgeht, sich informiert und analysiert. Er präsentiert den Status in regelmäßigen Meetings seinem Vorgesetzten und erläutert die nächsten Schritte. Nur wenn nötig, greift der Vorgesetzte unterstützend und beratend ein.

Kienbaum Expertentipp: Verantwortung übertragen

Wer Mitarbeitern Verantwortung gibt, fördert ihr eigenständiges und unternehmerisches Handeln. Insbesondere Führungskräfte, denen es sehr schwerfällt, „loszulassen", sollten sich immer wieder bewusst machen, dass sie nur dann engagierte Mitarbeiter bekommen, wenn sie ihnen auch den dazu nötigen Freiraum geben. Wichtig ist es auch, Aufgaben vollständig zu übertragen, nicht Teilaufgaben, die für sich genommen keinen Sinn ergeben. Regen Sie den Mitarbeiter an, Vorschläge zu unterbreiten, auch wenn sie thematisch nicht mehr direkt in seinen Verantwortungsbereich fallen. Auf diese Weise erhält man oft erstaunlich gute Ideen, die andernfalls gar nicht geäußert worden wären.

Die wichtigsten Schritte beim Delegieren

Regeln für das Delegieren

Bei der Delegation von Aufgaben ist es sinnvoll, Schritt für Schritt vorzugehen. Wer alle Punkte berücksichtigt, profitiert von einer spürbaren Entlastung. Außerdem werden die Mitarbeiter das Vertrauen zu schätzen wissen.

Wer eine Aufgabe überträgt, sollte auch immer das angestrebte Ergebnis definieren. Der Mitarbeiter muss das Ziel kennen, auf das er hinarbeiten soll. Das setzt natürlich voraus, dass sich die Führungskraft darüber im Klaren ist, welches Ergebnis erarbeitet werden soll. Oft scheitert der Prozess bereits an dieser Stelle. Dann macht sich der Ausführende ohne genaue Anhaltspunkte an die Arbeit. Er kann nur mutmaßen, wie das Ergebnis aussehen soll. Wenn er es schließlich seinem Chef vorstellt, ist dieser nicht zufrieden und schickt ihn mit keinen oder ungenauen Anweisungen wieder zurück an die Arbeit. Das Ganze wiederholt sich mehrere Male und der Mitarbeiter geht so lange nach dem Try-and-Error-System vor, bis sein Chef zufrieden ist. Ein solcher Prozess ist für alle Beteiligten nicht nur zeitraubend, sondern auch ärgerlich. Besser ist es, Aufgabe und Ergebnis klar zu definieren.

Setzen Sie einen Termin

Die Führungskraft sollte festlegen, in welcher Zeit die Aufgabe erledigt werden soll. Dazu gehört die Angabe des Abgabetermin sowie vorheriger Endabstimmungstermine.

Beispiel: Terminvorgabe

Vorlage der Entscheidungsgrundlage zur Einführung eines Qualitätsmanagementsystems bis Ende August 2003; monatliche Statusmeetings.

Bestimmen Sie, wie das Ergebnis aussehen soll

Ergebnis muss genau definiert sein

Es folgt die Beschreibung, welche Themen das Ergebnis beinhalten und wie es aufbereitet sein soll. Diese Beschreibung sollte so kurz wie möglich, aber so detailliert wie nötig ausfallen. Die Führungskraft sollte darauf achten, auch wirklich nur das Ergebnis zu beschreiben und nicht den Weg vorzugeben, wie der Mitarbeiter das Ergebnis erreichen soll.

Beispiel: Ergebnisbeschreibung

Die Entscheidungsgrundlage (Benchmarking, Überblick Vor- und Nachteile, Kosten-/Nutzenanalyse) sollte zur Vorlage an die Unternehmensleitung ca. fünfzehn Charts nicht übersteigen; sie sollte auch für nicht direkt Beteiligte leicht nachvollziehbar sein und sich auf die wichtigsten Punkte beschränken.

Legen Sie die Priorität fest

Führungskraft muss die Prioritäten festlegen

Dem Mitarbeiter muss klar sein, in welcher Reihenfolge verschiedene Aufgaben zu erledigen sind. Zur Festlegung der Priorität sollte der Delegierende sich der Aspekte Wichtigkeit und Dringlichkeit bewusst sein.

Priorität	Dringlichkeit	Wichtigkeit
Erste Priorität	hoch	hoch
zweite Priorität	hoch	niedrig
dritte Priorität	niedrig	hoch
vier Priorität	niedrig	niedrig

Grundsätzlich sollten zunächst die Aufgaben erledigt werden, die sowohl dringlich als auch wichtig sind, sie haben höchste Priorität. Danach folgen die Dinge, die dringend erledigt werden müssen, gefolgt von den Aufgaben, die wichtig, aber aktuell noch nicht dringend zu erledigen sind. Die letzte Priorität haben Aufgaben, die weder wichtig noch dringlich sind.

Beispiel: Priorisierung von Aufgaben

Einem Manager erscheinen alle anstehenden Aufgaben sowohl wichtig als auch dringlich. Folglich wurde ihnen allen die Priorität A eingeräumt.

Für die Mitarbeiter war dies wenig hilfreich und so versuchten sie durch Nachfragen die richtige Abarbeitungsreihenfolge zu erfahren. Schließlich einigte man sich auf einen Kompromiss, mit dem alle einverstanden waren: Je höher die Priorität der übertragenden Aufgabe, desto mehr A´s bekam diese zugewiesen (erste Priorität: Prio AAA, zweite Priorität: Prio AA usw.).

Grenzen Sie die Aufgabe klar ab

Die delegierende Führungskraft sollte auf eine klare Abgrenzung der zu übertragenden Aufgaben achten. Vor allem, wenn mehrere unterschiedliche Arbeitsaufträge unter Zeitdruck übergeben werden, ist es wichtig, diese mit allen Rahmenbedingungen in eine abzuarbeitende Reihenfolge zu bringen. Sie ergibt sich nach dem Prinzip der oben beschriebenen Priorisierung.

Wer macht was?

Bei übergreifenden Aufgaben, also Arbeitsaufträgen, an denen mehrere Personen beteiligt sind, legt die Führungskraft fest, wer welchen Part verantwortlich übernimmt bzw. wo die Schnittstellen liegen. Um eine reibungslose Übergabe von einer Person zur nächsten zu gewährleisten, sollte bei solchen Schnittstellen genau festgelegt werden, wie die Übergabe zu erfolgen hat bzw. welcher Mitarbeiter welches Ergebnis oder Teilergebnis bis wann und in welcher Qualität liefern muss.

Rahmenbedingungen erläutern

Der Delegierende muss nicht nur kommunizieren, welche Personen beteiligt sind. Auch weitere Rahmenbedingungen, die einen Einfluss auf die Aufgabe bzw. auf deren Erfüllung haben können, gilt es mitzuteilen. Dies kann z. B. das vorgegebene Budget sein oder bestimmte Voraussetzungen und Abstimmungsschleifen, die zu festgelegten Zeitpunkten zu erfolgen haben und beachtet werden müssen.

Delegieren Sie nur an direkt unterstellte Personen

Mangelnde Abstimmung führt zu Verwirrung

Wer einem Mitarbeiter einer anderen Führungskraft Aufgaben übergeben will, sollte dies in jedem Fall im Vorfeld mit dem Kollegen absprechen. Denn in der Regel delegiert der Vorgesetzte nur an direkt unterstellte Mitarbeiter, um Unstimmigkeiten zu vermeiden.

Beispiel: Mangelnde Abstimmung

Praktikanten oder Auszubildende sind meist einer Person zugeordnet. Dennoch greifen gern andere Mitarbeiter auf sie zurück. Der Praktikant oder Auszubildende erhält dann oftmals von mehreren Personen gleichzeitig Aufgaben.

Der Vorgesetzte geht davon aus, dass der Praktikant oder Auszubildende nur seine Arbeitsaufträge ausführt, und wundert sich womöglich, warum dieser zur Erledigung so viel Zeit benötigt. Auch die anderen Personen, die dem Praktikanten oder Auszubildenden Aufgaben delegiert haben, können den Arbeitsumfang der anderen Tätigkeiten, die zur Erledigung anstehen, nicht einschätzen.

Der Praktikant oder Auszubildende weiß nicht, welche Aufgabe Vorrang hat, und geht davon aus, dass er alle ihm übertragenen Aufgaben bearbeiten muss. Diese unabgestimmte Delegation führt dazu, dass er völlig überlastet diejenige Aufgabe zuerst erledigt, die ihm wegen des ständigen Nachfragens des Delegierenden am dringlichsten bzw. wichtigsten erscheint. Am Ende sind alle frustriert und die Aufgaben wurden in der falschen Reihenfolge und wenig zufriedenstellend erfüllt.

Stehen Sie für Rückfragen zur Verfügung

Mitarbeitern Fragen ermöglichen

Ein Delegierender sollte nicht nur erklären, dass er als Ansprechpartner für eventuelle Fragen und Probleme zur Verfügung zu steht. Er muss sicherstellen, dass er tatsächlich konsultiert wird. Gerade, wenn er mit neuen Mitarbeitern zusammenarbeitet, die auf seine Anleitung angewiesen sind, sollte er sich immer wieder rückversichern, ob es noch offene Fragen gibt. Die Erfahrung zeigt, dass Mitarbeiter erst auf Nachfragen von ihren Problemen erzählen. Wenn der Mitarbeiter gemerkt hat, dass seine Führungskraft wirklich ein offenes Ohr für seine Fragen hat, muss diese nicht mehr so oft nachfragen. Der Mitarbeiter kommt von selbst auf Sie zu.

Wer entscheidet wann?

Über Entscheidungskompetenzen muss Klarheit herrschen

In der Anfangsphase der Zusammenarbeit werden Führungskräfte häufig Fragen gestellt, von denen sie meinen, dass der Mitarbeiter sie selbst beantworten kann, z. B. „Darf ich das ändern und überarbeiten?". In diesen Fällen sind die Verantwortlichkeiten noch nicht klar festgelegt. Der Vorgesetzte sollte deutlich kommunizieren, über welche Angelegenheiten der Mitarbeiter selbst entscheiden soll.

Beispiel: Verantwortungsbereich benennen

Die Führungskraft beschreibt, in welchem Umfang der Mitarbeiter Verantwortung trägt: „Wie Sie hier im Einzelnen vorgehen wollen, überlasse ich zunächst einmal Ihnen. In den monatlichen Statusmeetings kann ich mir einen guten Überblick über den Stand der Ergebniserreichung machen und gegebenenfalls korrigierend eingreifen. Sollten Sie jedoch Anregungen bzw. Unterstützung brauchen oder sich noch Fragen ergeben, so stehe ich Ihnen gern zur Verfügung."

Hat Ihr Mitarbeiter die Aufgabe verstanden?

Gehört heißt nicht verstanden

Manchmal liegt es an einem Missverständnis, wenn der Mitarbeiter eine Aufgabe nicht wie gewünscht erledigt hat. „Ich dachte, ich hätte mich klar ausgedrückt!" beklagt sich dann der Vorgesetzte. Die Führungskraft sollte immer sicherstellen, dass der Mitarbeiter die Aufgabe, das Ziel und die Rahmenbedingungen verstanden hat. Dabei gilt: Gehört ist noch nicht verstanden! Vielmehr muss der Delegierende nachfragen und den Mitarbeiter auffordern, nochmal zusammenzufassen, was von ihm erwartet wird. Er muss erläutern können, was von ihm erwartet wird.

Kienbaum Expertentipp: Keine Fachtermini

Wenn Sie Ihrem Mitarbeiter die Aufgabe beschreiben, dann denken Sie daran, dass er noch nichts bzw. nicht so viel über das Thema weiß wie Sie. Wechseln Sie einmal die Perspektive und fragen Sie sich: Was muss der Mitarbeiter alles erfahren, damit er gut arbeiten kann? Bemühen Sie sich auch, die gleiche Sprache zu sprechen. Vermeiden Sie Fachtermini und Abkürzungen.

Beispiel: Aktives Nachfragen

Um sicher zu sein, dass sein Mitarbeiter die ihm übertragene Aufgabe auch richtig verstanden hat, sollte der Vorgesetzte gezielt nachfragen:

„Haben Sie noch irgendwelche Fragen bezüglich der Aufgabe?"

„Welche weiteren Informationen benötigen Sie von mir?"

„Gibt es aus Ihrer Sicht etwas, was ich zu erwähnen oder zu erklären vergessen habe?"

Greifen Sie bei Problemen nicht zu stark ein

Der Mitarbeiter soll an und mit seinen Aufgaben wachsen. Die Führungskraft sollte es daher nicht zulassen, dass er die Aufgabe wieder an sie zurückgibt, sobald Schwierigkeiten auftauchen. Vielmehr ist es erforderlich, ihn anzuleiten bzw. so zu coachen, dass er befähigt wird, die Schwierigkeiten selbst zu überwinden. In diesem Zusammenhang sei ausdrücklich darauf hingewiesen, dass dies keinesfalls impliziert, grundsätzlich den eigenen Arbeitsstil mit zu deligieren. Stattdessen sollte der Delegierende dem Mitarbeiter verschiedene Methoden zur Problemlösung vorstellen, die letztendliche Entscheidung für eine bestimmte Vorgehensweise bleibt aber dem Ausführenden selbst überlassen.

Entscheidung über Vorgehensweise liegt beim Mitarbeiter

Kienbaum Kompetenztest: Richtig delegieren

Bereiten Sie die nächste Delegation anhand der beschriebenen Kriterien vor und führen Sie diese entsprechend durch:

1. Werden Sie sich selbst über die zu übertragende Aufgabe klar und beschreiben Sie diese nach folgenden Kriterien:
   - Formulieren Sie das angestrebte Ergebnis,
   - legen Sie konkret Kriterien und Rahmenbedingungen fest,
   - grenzen Sie die Aufgabe klar ab.

2. Erläutern Sie Ihrem Mitarbeiter die Aufgabe anhand Ihrer Notizen. Vergewissern Sie sich durch Nachfragen, dass der Mitarbeiter die Aufgabe auch richtig verstanden hat. Sagen Sie Ihrem Mitarbeiter, dass Sie ihm be Problemen und Verständnisfragen zur Verfügung stehen.

3. Fragen Sie gegebenenfalls von Zeit zu Zeit nach, ob der Mitarbeiter zwischenzeitlich Fragen hat oder sich irgendwelche nicht vorhersehbare Probleme aufgetan haben, und stehen Sie auch ansonsten als Ansprechpartner zur Verfügung.

Geben Sie konstruktives Feedback, nachdem Ihr Mitarbeiter die Aufgabe ausgeführt hat.

Kienbaum Kompetenztest: Wie ist Ihr Delegationsverhalten?

Reflektieren Sie über Ihr Delegationsverhalten, nachdem der Mitarbeiter die übertragene Aufgabe vollendet hat, inwieweit Sie richtig delegiert haben. Die aufgeführte Checkliste soll Sie dabei unterstützen:

	✓
Ich habe nicht nur Aufgaben, sondern auch Verantwortung delegiert.	
Ich habe keine Rückdelegation der übertragenen Aufgabe zugelassen.	
Ich habe dem Mitarbeiter bei Schwierigkeiten und Verständnisproblemen zur Verfügung gestanden.	
Ich habe dem Mitarbeiter nicht vorgegeben, wie er die übertragene Aufgabe zu erledigen hat.	
Ich habe keine Teilaufgaben delegiert.	
Ich habe keine Routineaufgaben, sondern anspruchsvolle Tätigkeiten delegiert.	
Ich habe weder zu viel noch zu wenig kontrolliert.	
Ich habe die übertragene Aufgabe nicht an noch einen weiteren Mitarbeiter delegiert.	

Controlling muss sein

Controlling zeigt, wie gearbeitet wurde

Wer Aufgaben delegiert, muss auch wissen, ob sie erfolgreich abgearbeitet wurden. Vertrauen ist gut, Kontrolle ist besser. Leider klingt das deutsche Wort „Kontrolle“ nach Bevormundung und unangemessener Überprüfung. Wir haben es daher gegen den Begriff „Controlling“ ausgetauscht, um zu verdeutlichen, dass es sich bei der Überprüfung der Delegation um einen sachlich angemessenen Vorgang handeln sollte.

Was ist Controlling?

Controlling bedeutet, einen Abgleich zwischen dem Ist- und dem Soll-Zustand durchzuführen, um notfalls steuernd eingreifen zu können. Das Controlling der Delegation lässt sich auch mit zwei Grundregeln überschreiben:

Wenn die Delegation controlled wird

1. Halten Sie sich an das, was Sie beim Delegieren gesagt haben.
2. Controllen Sie nur da, wo es angebracht ist!

Gerade sehr gewissenhafte Führungskräfte haben aber damit immer wieder Schwierigkeiten. Sie haben ständig Angst, dass der Mitarbeiter doch am Ziel vorbeischießen könnte.

Beispiel: Übertriebene Kontrolle

Nach einem Training zum Thema „Wie delegiere ich richtig?" hat die Führungskraft Franz Heumann alle Grundregeln verinnerlicht und umgesetzt. Er hat den Mitarbeitern verantwortlich Aufgaben übertragen sowie die Rahmenbedingungen und Ergebniskriterien festgelegt. Er hat auch betont, dass die Mitarbeiter die delegierten Aufgaben selbstständig erledigen sollen. Aber überfordert er seine Mitarbeiter nicht vielleicht mit der neuen Situation? Er beschließt, dies einmal zu überprüfen – und tatsächlich! Schon den ersten Mitarbeiter, dem er verstohlen über die Schulter schaut, fragt er: „Was machen Sie denn da? Warum gehen Sie ausgerechnet so vor?"

Diese Geschichte macht deutlich, dass manche Vorgesetzten dazu neigen, einem Mitarbeiter vordergründig Verantwortung zu übertragen und ihn zur selbstständigen Erledigung eines Auftrags zu ermuntern, um anschließend misstrauisch nach dem Rechten zu sehen. Mit dieser Vorgehensweise entziehen sie dem Mitarbeiter die Verantwortung zur selbstständigen Erledigung seiner Aufgaben wieder und machen damit gleichzeitig deutlich, dass man der Person nicht zutraut, selbst den richtigen Lösungsweg zu finden. Als Führungskraft verliert man so nicht nur seine Glaubwürdigkeit, sondern behindert die Mitarbeiter auch bei der Aufgabenerledigung und demotiviert sie.

Vertrauen statt Misstrauen

Darüber hinaus überträgt der Vorgesetzte Aufgaben an seine Mitarbeiter, um sie entsprechend zu fordern und fördern. Daher sollten die Ausführenden sich auch selbstständig Gedanken darüber machen, wie sie eine Aufgabe bestmöglich erledigen, und ihre Erfahrungen daraus ziehen, wenn sie nicht die optimalen Lösungsmöglichkeiten gewählt haben.

Kienbaum Expertentipp: Freiräume zulassen

Machen Sie sich als „alter Hase" immer wieder bewusst, dass nicht immer nur ein Weg zum Ziel führt. Wenn Sie den Mitarbeitern die Möglichkeit lassen, selbst ihren Weg zum Ziel zu finden, werden Sie oft positiv überrascht sein, welche neuen kreativen Lösungsmöglichkeiten Ihre Mitarbeiter finden. Dabei werden nicht selten auch viel effektivere Wege gefunden, um Aufgaben zu lösen, z. B. weil jüngere Mitarbeiter andere technische Hilfsmittel einsetzen oder vernetzen, die Sie selbst gar nicht kennen.

Wenn Sie also Ihren Mitarbeitern den Lösungsweg vorgeben, demotivieren Sie diese nicht nur, sondern verbauen sich dadurch oftmals auch einen entscheidenden Wettbewerbsvorteil.

Wann soll ein Controlling erfolgen?

Abgleich von Soll- und Ist-Zustand

Nur wenn die Führungskraft über alle erforderlichen Kriterien verfügt, um einen Abgleich zwischen dem Ist- und dem Soll-Zustand vornehmen zu können, ist ein Controlling sinnvoll. Kein Controller käme auf die Idee, eine Überprüfung durchzuführen, wenn ihm bis zu diesem Zeitpunkt wesentliche (Kenn-)Zahlen fehlten. Zunächst müssen also Ziele und Teilziele festgelegt und mit konkreten Kriterien hinterlegt werden. Der Delegierende sollte zusammen mit seinem Mitarbeiter Meilensteine (s. Seite 147) vereinbaren, an welchen die Aufgabenerreichung überprüft werden kann. Zu Beginn einer Zusammenarbeit werden viele Meilensteine bzw. Controlling-Etappen notwendig sein. Im Laufe der Zeit sollte die Zahl der Zwischenschritte aber immer mehr abnehmen, sodass z. B. nur noch monatliche statt wöchentliche Statusberichte abzuliefern sind. Denn die Führungskraft kann dem Mitarbeiter mehr und mehr zutrauen und parallel dazu auch mehr Verantwortung übertragen. Der Ausführende lernt so, sich selbst zu controllen, bis er sich innerhalb des Prozesses selbst steuern kann. Der Vorgesetzte muss dann nur noch von Zeit zu Zeit den Status quo abfragen.

Wichtige Regeln für das Controlling

Damit das Controlling den gewünschten Effekt hat, sollten Sie als Führungskraft einige Regeln beachten:

Was beim Controlling zu beachten ist

- Controllen Sie nur das Ergebnis bzw. das Zwischenergebnis.
- Gehen Sie nur nach sinnvollen, nachvollziehbaren Controllingkriterien vor.
- Vereinbaren Sie, wann und was controlled wird.
- Befähigen Sie Ihre Mitarbeiter dazu, sich in zunehmendem Maße selbst zu controllen.
- Nutzen Sie Controlling für konstruktives Feedback.
- Kündigen Sie kein Controlling an, das Sie nicht durchführen.
- Vermeiden Sie überraschende Controllings.
- Greifen Sie nicht ständig steuernd ein.

Kienbaum Kompetenztest: Controllingkriterien vereinbaren

Überlegen Sie sich, welche sinnvollen und nachvollziehbaren Controllingkriterien Sie festlegen wollen. Schreiben Sie diese auf und diskutieren Sie sie mit Ihren Mitarbeitern. Am Ende sollte eine Vereinbarung stehen, anhand welcher Kriterien Sie controllen werden. Besprechen Sie auch die weiteren Rahmenbedingungen, über die Sie sich einigen (z. B. Controlling nur zu vereinbarten Zeitpunkten oder Meilensteinen).

Nehmen Sie diese Vereinbarung als Grundlage Ihres zukünftigen Controllings sowie als Reflexionsgrundlage. Sie können sie auch benutzen, um ein Feedback zu Ihrem Controllingverhalten und eventuelle Verbesserungsvorschläge zu erhalten.

Kienbaum Kompetenztest: Selbstcontrolling ermöglichen

Überlegen Sie sich, wie Sie Ihre Mitarbeiter befähigen können, sich in zunehmendem Maße selbst zu kontrollieren, z. B., indem Sie sie eigene Checklisten für ähnliche Aufgabentypen erstellen lassen.

4.2 Die Balanced Scorecard

Ein Steuerungsinstrument, das in Unternehmen vermehrt eingesetzt wird, ist die sogenannte „Balanced Scorecard". Dieses Tool dient dazu, strategische Ziele des Unternehmens bzw. eines Unter-

Balanced Scorecard als Steuerungsinstrument

nehmensbereichs systematisch umzusetzen und herunterzubrechen. Im besten Fall werden zunächst auf oberster Unternehmensebene strategische Ziele formuliert. Aus diesen leiten sich dann Ziele für die einzelnen Unternehmensbereiche ab, die ebenfalls in einer entsprechenden Balanced Sorecard festgehalten und weiter, im Idealfall bis auf Mitarbeiterebene, heruntergebrochen und durch Zielvereinbarungsgespräche (s. Seite 165) umgesetzt werden.

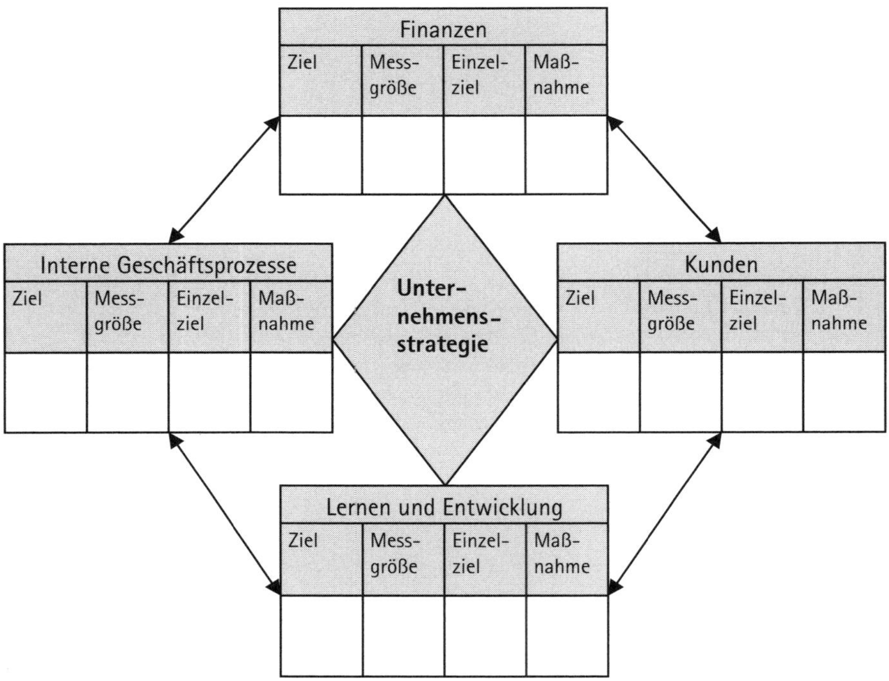

Balanced Scorecard nach Kaplan/Norton

Die vier Perspektiven der BSC

Die Balanced Scorecard ist in vier Felder bzw. Perspektiven aufgeteilt. Jedem der vier Felder werden entsprechende Ziele zugeordnet, die mit Messgrößen hinterlegt sind. Konkrete Werte bzw. Einzelziele dienen als Vorgaben, die es durch zugeordnete Maßnahmen zu erreichen gilt. Die Ziele können je nach strategischer Bedeutsamkeit gewichtet werden.

Konkrete Werte dienen als Vorgaben

1. Feld: Finanzen

Dieses Feld fasst die Wertsteigerung des Unternehmens und der effiziente Einsatz der Ressourcen zusammen. Mögliche Messgrößen sind:

Messgrößen für Finanzen

- ROI (Return On Investment)
- Entwicklung des Unternehmenswerts
- Entwicklung des Marktanteils

Beispiel: Finanzen

Ziel	Messgröße	Einzelziel	Maßnahmen
• Umsatzwachstum im Vertrieb um x Prozent	• Umsatzentwicklung der einzelnen Regionen in Deutschland	• Steigerung des Umsatzes bis zum 4. Quartal 2008 um x Prozent in Deutschland mit Produkt XYZ	• Erschließen neuer innovativer Vertriebswege • Prüfung der Reorganisation des Vertriebs unter dem Gesichtspunkt der Steigerung des Vertriebs

2. Feld: Interne Geschäftsprozesse

Diese Perspektive betrachtet die Effizienz der Geschäftsprozesse und ihrer Schnittstellen. Mögliche Messgrößen sind:

- Prozesskosten
- Durchlaufzeiten
- Anzahl der Schnittstellen je Prozess

Beispiel: Prozesse

Ziel	Messgröße	Einzelziel	Maßnahmen
• Optimierung des Prozesses ab der Bestellung bis zur Lieferung	• Durchlaufzeit OTD-Process (OTD = Order to Delivery) • Fehlerquote	• Verringerung der Durchlaufzeit (von der Bestellung bis zur Auslieferung) von x auf y • Rückgang der Fehlerquote um z Prozent	• Einführung einer neuen OTD-Software

3. Feld: Lernen und Entwicklung

Messgrößen für Lernen und Entwicklung

Dieses Feld umfasst die Ziele zum strategischen Wissens- und Potenzialmanagement. Mögliche Messgrößen sind:

- Mitarbeiterzufriedenheit
- Anzahl Weiterbildungstage je Mitarbeiter
- Anzahl Personalreferenten je Mitarbeiter (Betreuungsquote)

Beispiel: Lernen und Entwicklung

Ziel	Messgröße	Einzelziel	Maßnahmen
• Steigerung der interkulturellen Team- und Personalentwicklungsmaßnahmen	• Anzahl internationaler Projekte • Anzahl übergreifender Personalentwicklungsinstrumente	• Steigerung der internationalen Projekte bis Ende 2008 um 10 Prozent • Internationaler Einsatz von zwei Personalentwicklungsinstrumenten bis Ende 2008	• Steuerung, Begleitung und Ausschreibung internationaler Projekte • Durchführung internationaler Assessment-Center und Einführung internationaler Mitarbeitergespräche

4. Feld: Kunden

Messgrößen für das Feld Kunden

Hierunter fällt die Wahrnehmung des Unternehmens, also sein Image und seiner Produkte bzw. Dienstleistungen bei internen und externen Kunden. Mögliche Messgrößen sind:

- KZI (Kundenzufriedenheitsindex)
- Anzahl der Reklamationen
- Durchlaufzeiten beim Prozess Reklamation

Beispiel: Kunden

Ziel	Messgröße	Einzelziel	Maßnahmen
• Steigerung der Kundenzufriedenheit	• KZI (Kundenzufriedenheitsindex, wird durch Kundenbefragung erhoben) • Anzahl der Kundenreklamationen	• Steigerung des KZI in 2008 von x auf y • Rückgang der Kundenreklamationen von x in 2007 auf y in 2008	• Gutscheinaktion • Einführung eines Treuerabattsystems

Die Felder beeinflussen sich gegenseitig

Strategy Map zeigt Abhängigkeitsbeziehung

Die Perspektiven sind durch Ursache-Wirkungsketten miteinander verknüpft. Dies bedeutet, dass Ziele und abgeleitete Maßnahmen sowohl der vier Felder Finanzen, Prozesse, Kunden, Lernen und Entwicklung als auch der Maßnahmen eines Ziels innerhalb eines Feldes (z. B. Kunden) in Zusammenhang stehen und sich gegenseitig beeinflussen können. Zur optimalen Nutzung der Balanced Scorecard ist es daher wichtig, diese Abhängigkeitsbeziehungen in sogenannten Strategy Maps abzubilden. Indem die Ursachen-Wirkungsbeziehungen überdacht und diese Zusammenhänge dargestellt werden, zeigt sich, wie sich die einzelnen Faktoren gegenseitig beeinflussen.

Auf Basis dieser Überlegungen können Unternehmen z. B. strategisch planen und überprüfen, an welchem „Rädchen“ wie gedreht werden muss, um auch Faktoren der anderen Ebene positiv zu beeinflussen.

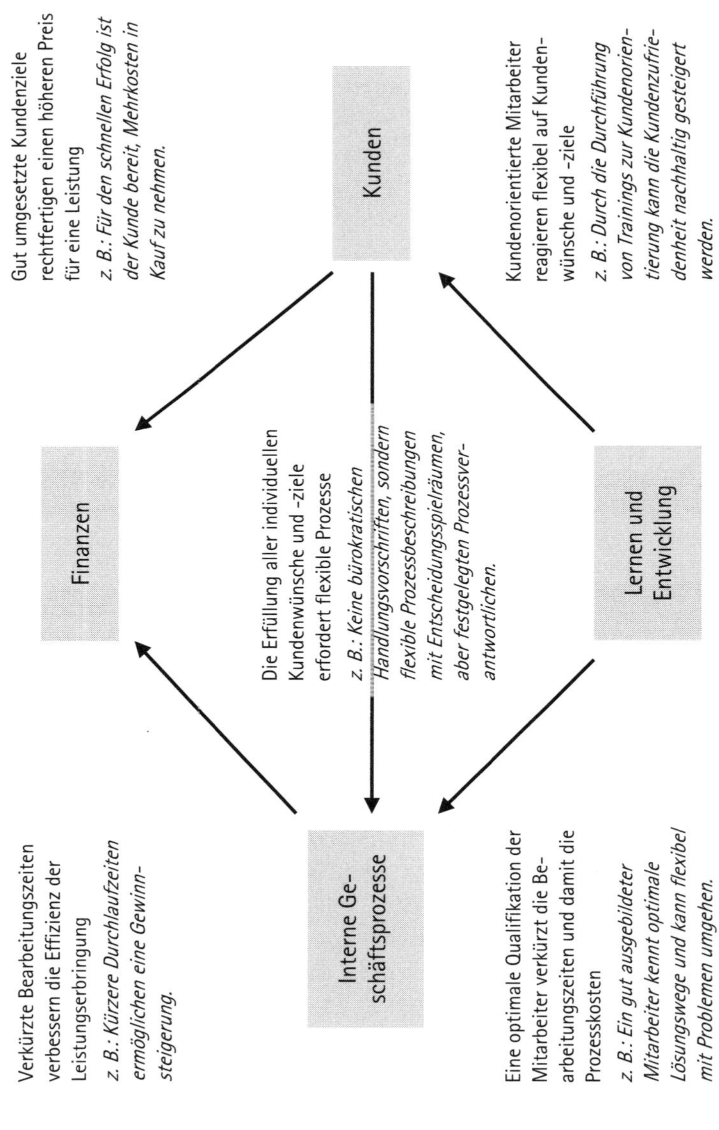

Beispiel für Ursache-Wirkungszusammenhänge der vier Perspektiven der Balanced Scorecard

Mitarbeiterziele aus der Balanced Scorecard ableiten

Zwar haben bereits viele Unternehmen die Balanced Scorecard eingeführt, nutzen sie aber nicht konsequent. Zum größten Teil kommt sie nur auf der obersten Managementebene zu Einsatz – ein Herunterbrechen der Ziele bis auf Mitarbeiterebene bzw. auf untere Hierarchieebenen, also die strategisch logische Weiterführung des Konzepts, findet in den überwiegenden Fällen nicht statt. Das hat zur Folge, dass die Mitarbeiter, aber auch die Führungskräfte der mittleren Ebene nicht genau nachvollziehen können, welchen Einfluss sie selbst auf den Unternehmenserfolg bzw. die gesetzten, übergreifenden Ziele nehmen können.

Ohne Weiterführung des Konzepts können Mitarbeiter ihren Einfluss nicht nachvollziehen

Mitarbeiter müssen die Strategie verstehen

Ein wesentlicher Erfolgsfaktor für Unternehmen von heute ist, neue Strategien möglichst schnell, effektiv und effizient umzusetzen. Grundvoraussetzung ist, dass die Mitarbeiter verstehen, warum eine neue Strategie verfolgt wird und wie sie selbst zur Umsetzung beitragen. Hierfür bedarf es einer entsprechenden Kommunikation, durch die Mitarbeiter wirklich verstehen, warum eine Änderung der Strategie notwendig ist, wie das neue Organisationsmodell aussieht und wie sie selbst zur Strategie beitragen können. Die Herausforderung dabei ist, die Mitarbeiter nicht nur zu informieren, sondern sie wirklich für die neue Strategie und deren Umsetzung zu gewinnen.

Neue Methoden zur Strategiekommunikation

Einige Unternehmen haben erkannt, dass sie zur schnellen, effektiven und effizienten Umsetzung zum einen die Kommunikation der Strategie verbessern und zum anderen dafür sorgen müssen, dass die Mitarbeiter sich auch selbst für die Umsetzung engagieren. Zur Erstkommunikation der Strategie setzen sie immer häufiger Methoden ein, bei der die Arbeitnehmer die Gründe für die neue Strategieausrichtung, die Strategie selbst und die Möglichkeiten, wie sie zur Umsetzung beitragen können, selbst ergründen. So führen die Unternehmen z. B. Workshops durch, die die Gründe und die neuen Strategien sowohl visualisieren als auch in einem gesellschaftsspielähnlichen Workshop erlebbar machen:

Strategieausrichtung in Workshops selbst erarbeiten

- In Workshopgruppen erarbeiten sich die Mitarbeiter gemeinsam ein Grundverständnis der neuen Strategie und unterstützen diese aufgrund dieses Verständnisses im Anschluss auch persönlich.
- In einem zweiten Schritt erhalten die Mitarbeiter meist in Follow-up-Workshops die Möglichkeit, die übergreifende Strategie abzuleiten und z. B. auf Teamzielebene herunterzubrechen. Hierzu wird oft die Balanced-Scorecard eingesetzt, anhand derer von oberster Ebene bis hinunter auf Teamziel- und Mitarbeiterebene so konsequent Ziele abgeleitet und festgelegt werden können.

Diese Ziele werden bei Führungskräften, aber auch bei Mitarbeitern meist im Rahmen der jährlichen Zielvereinbarungen dann verbindlich festgelegt (s. Seite 165).

Vor- und Nachteile der Balanced Scorecard

Vorteile von transparenten Zielen

Ziele und Maßnahmen transparent zu gestalten, hat für das Unternehmen zahlreiche Vorteile:

- Der Mitarbeiter arbeitet im wahrsten Sinne des Wortes ersichtlich an der Zielerreichung des Gesamtunternehmens mit.
- Er denkt und handelt – insbesondere, wenn ein Bonussystem angekoppelt ist – über die Zielvereinbarung hinausgehend unternehmerischer.

Allerdings stößt die Einführung eines Scorecard-Systems auf Mitarbeiterebene auch auf Skepsis. Schließlich werden dadurch nicht nur die Erfolge, sondern auch die Misserfolge einzelner Mitarbeiter oder Abteilungen transparent. Die Erfahrung zeigt jedoch, dass die Vorbehalte verschwinden, sobald die Einführungsprobleme überstanden und die ersten Erfolge zu verzeichnen sind. Dann nehmen die Mitarbeiter das System als nachvollziehbar und damit fair wahr. Die meisten sind außerdem stolz, wenn ihr Beitrag zum Unternehmenserfolg offenkundig und darüber hinaus auch entsprechend gewürdigt wird, z. B. anhand einer Bonuszahlung.

4.3 Das Zielvereinbarungsgespräch

Festlegung der operativen Ziele

Das Zielvereinbarungsgespräch legt operative Ziele fest, die der Mitarbeiter in einem bestimmten Zeitraum – meist innerhalb eines Jahres – erreichen soll. In vielen Unternehmen trägt das Instrument richtigerweise auch den Namen „Zielgespräch", da einer Zielvereinbarung am Ende des gesetzten Zeitraums natürlich auch die Überprüfung der Zielerreichung folgt.

Vorteile einer Zielvereinbarung

Wenn Mitarbeiter motiviert sein sollen, brauchen sie Ziele. „Von oben" formulierte Unternehmensziele eignen sich dafür aber nicht, denn sie sind in der Regel sehr abstrakt und mitarbeiterfern. Eine Aussage wie „Die Elektro-Plus GmbH will ihren Umsatz im nächsten Jahr um 30 Prozent steigern" kann einen Mitarbeiter kaum begeistern – er wird nicht unmittelbar erkennen, wie er persönlich direkt dazu beitragen kann. Die Unternehmen sollten daher aus den Unternehmenszielen Bereichsziele und anschließend attraktive Mitarbeiterziele – z. B. mithilfe der Balanced Scorecard – ableiten (s. Seite 157).

Nutzen für Unternehmen und Mitarbeiter

Das Konzept des Zielvereinbarungsgesprächs besteht nun darin, dass die Führungskraft gemeinsam mit dem Mitarbeiter Ziele bespricht und festlegt. Das hat zahlreiche Vorteile:

- Mitarbeiter, die mit ihrem Vorgesetzten Ziele vereinbart haben, fühlen sich an diese eher gebunden.
- Die Motivation steigt, wenn der Mitarbeiter weiß, dass er von der Zielerreichung persönlich profitieren wird – z. B. in Form einer Bonuszahlung.
- Es ist möglich, die Leistung konkret zu beurteilen und zu vergüten.
- Der Mitarbeiter denkt und handelt unternehmerisch. Er erkennt, dass sein Nutzen von der Erreichung der Unternehmensziele abhängt.
- Zielvereinbarungen fördern das strukturierte, zielorientierte Arbeiten. Der Mitarbeiter lernt, seine Aufgaben zu organisieren, sich Teilziele zu setzen und deren Erfolg zu messen.

- Durch das Herunterbrechen der Unternehmensziele auf Mitarbeiterebene erhöht sich der Wertschöpfungsbeitrag.
- Der Mitarbeiter erfährt eine Förderung im Sinne einer Personalentwicklung.
- Die Leistung verbessert sich – sowohl in Bezug auf Güte als auch auf die Menge.
- Commitment und Loyalität beim Mitarbeiter steigen.

Erweitern Sie die Kompetenzen Ihrer Mitarbeiter

Festlegung von Personalentwicklungszielen

Unter der Voraussetzung, dass Vorgesetzter und Arbeitnehmer im Zielvereinbarungsgespräch anspruchsvolle, aber erreichbare Ziele vereinbaren, erweitert dies die Kompetenzen des Mitarbeiters. In diesem Zusammenhang sollte die Führungskraft gleichzeitig auch auf ein (Personalentwicklungs-)Ziel hinarbeiten. Dazu muss sie sich folgende Fragen stellen (s. Seite 95):

- Welche Position sollte und möchte der Mitarbeiter erreichen? Und welche Aufgabenbereiche könnte der Mitarbeiter kurz-, mittel- und langfristig erreichen?
- Welche Stärken und welche Entwicklungsfelder weist der Mitarbeiter auf?
- Welche Kompetenzen benötigt der Mitarbeiter, um ein neues, erweitertes Aufgabenfeld ausfüllen zu können?

Beispiel: Kompetenzerweiterung

Frau Bender führt ein erstes Zielvereinbarungsgespräch mit ihrem neu eingestellten Junior Consultant Holger Trost durch. Sie hat ein für die Funktion festgelegtes Profil vorliegen, anhand dessen sie eine erste Einschätzung der Kompetenzen des Mitarbeiters trifft. Natürlich kann sie so kurz nach der Einstellung noch keine vollständige Bewertung vornehmen, konnte aber in den ersten beiden Monaten bereits einen ersten guten Eindruck von Herrn Trost erhalten.

Bei jeder zu bewertenden Aussage ruft sie sich Situationen ins Gedächtnis, bei der sie die angegebene Verhaltensweise beobachten konnte, und nimmt eine entsprechende Einschätzung vor. Kompetenzen, die sie derzeit noch nicht einschätzen kann, werden nicht beurteilt. Im Ergebnis erhält sie eine Übersicht über die Entwicklungsfelder und die Stärken von Holger Trost, das Ist-Profil.

Anschließend legt Frau Bender das Soll-Profil der Funktion daneben, also das Profil eines Junior Consultants, der die Funktion optimal ausfüllt. Außerdem besorgt sie sich auch das Profil eines Consultants, dem nächsten anzustrebenden Karriereschritt. Sie vergleicht, welche Kompetenzen bei Herrn Trost kurz- und mittelfristig – anhand des Soll-Profils Junior Consultant – und mittel- und langfristig – anhand des Profils Consultant – weiter entwickelt werden müssen.

Die Vorgesetzte überlegt sich nun, welche Aufgaben und Projekte im Rahmen der Zielvereinbarung die Kompetenzentwicklung bei Holger Trost sinnvoll unterstützen könnten:

- Auszubauende Kompetenz: „Strategisches und analytisches Denkvermögen"
- Mögliches zu vereinbarendes Ziel: Erstellen einer Benchmarkingstudie zu XYZ und Ableitung von Empfehlungen für Projekt z bis zum 4. Quartal. Zwischenpräsentation des Konzepts sowie erster Empfehlungen und Ableitungen zu folgenden Meilensteinen ...

Leistung lässt sich objektiv messen

Voraussetzung: klare Ziele und messbare Kriterien

Zielvereinbarungsgespräche haben den Vorteil, dass die Performance des Mitarbeiters objektiv erfasst werden kann. Sind die Ziele klar gesetzt und mit messbaren Kriterien (s. Seite 175) hinterlegt, ist sowohl für den Vorgesetzten als auch den Mitarbeiter die Leistungsbeurteilung und gegebenenfalls die entsprechende Vergütung nachvollziehbar. Die Performance erhält im wahrsten Sinne des Wortes eine Wert-Schätzung. Loyalität und Commitment auf Mitarbeiterseite steigen.

Beispiel: Bonus nach Leistung

Vertriebsmitarbeiter Jörn Weidemann vereinbart mit seiner Führungskraft u. a. die Steigerung des Absatzes eines Produkts x in der Region Süd im Geschäftsjahr um 7 Prozent.

Herr Weidemann übererfüllt dieses Ziel und erhält eine vorher festgesetzte Vergütung für die Übererfüllung dieses Ziels.

Er erkennt, dass er einen direkten Beitrag zur Steigerung der Gesamtperformance des Unternehmens geleistet hat und dass dieser Beitrag entsprechend geschätzt und vergütet wird.

Kienbaum Kompetenztest: Vorbereitung auf das Zielgespräch

Bereiten Sie das nächste Zielvereinbarungsgespräch mit einem Ihrer Mitarbeiter vor. Stellen Sie sich folgende Fragen:

- Welche Ziele würden die Entwicklung meines Mitarbeiters unterstützen?
- Welche Ziele wären in diesem Zusammenhang fordernd, aber nicht überfordernd? Bedenken Sie in diesem Zusammenhang den „Reifegrad" Ihres Mitarbeiters (s. Seite 28).
- Welche Ziele möchte ich mit dem Mitarbeiter daraufhin vereinbaren?
- Welche Interessenkonflikte, entgegengesetzte Einschätzungen könnten auftreten?
- Welche weiteren Schwierigkeiten oder Hürden könnten bei der Durchführung entstehen und eine Zielerreichung gegebenenfalls gefährden?
- Wären weitere Personen an der Durchführung beteiligt?
- Welche organisatorischen Rahmenbedingungen müssen gegeben sein?
- Mit welchen Messkriterien könnten die Ziele gemessen werden?
- Welche Hilfsmittel, Instrumente, Informationen müssen zur Verfügung stehen?
- Welche Meilensteine, Zwischenchecks müssen vereinbart werden?

Die Phasen des Zielvereinbarungsgesprächs

Personalabteilung stellt oft Formulare zur Verfügung, einen Leitfaden finden Sie als Kopiervorlage auf Seite 186

Das Zielvereinbarungsgespräch vollzieht sich in ähnlichen Phasen wie andere Mitarbeitergespräche auch (s. Seite 82), nur werden verschiedene Themen besprochen. Die meisten Unternehmen führen die Zielvereinbarung und -überprüfung nacheinander, jedoch innerhalb eines Termins durch. Meist stellen die Personalabteilungen Checklisten, Leitfäden für Zielvereinbarungsgespräche oder Formulare zur Verfügung, auf welchen die Zielvereinbarungen festgehalten werden.

Ablauf des Gesprächs

Fünf Phasen des Zieldialogs

1. Einleitung
   - Begrüßung
   - Aufbau einer angenehmen Gesprächsatmosphäre
2. Darstellen der Rahmenbedingungen
   - zeitlicher Rahmen
   - Festlegen der Gesprächsziele und -inhalte
3. Überprüfung der Zielerreichung
   - anhand der Einzelziele bzw. derer Kriterien
   - Eruierung der Ursachen, des Arbeitsumfeldes, Veränderungsnotwendigkeiten bei Nicht-Erreichung des oder der Ziele
4. Zielvereinbarung für das Folgejahr
   - gemeinsame Erarbeitung von persönlichen Entwicklungszielen und möglichen Entwicklungsmaßnahmen
   - gemeinsame Erarbeitung von Arbeitszielen für das Folgejahr inklusive der Hinterlegung mit Messkriterien, Meilensteinen und Rahmenbedingungen
5. Gesprächsabschluss
   - Zusammenfassung des Gesprächs und der Vereinbarungen, sowohl mündlich also auch schriftlich im Zielvereinbarungsformular
   - gegebenenfalls Vereinbarung eines Folge- und Zwischenchecktermins
   - positiver Gesprächsabschluss

10 Grundsätze des Zieldialogs

Worauf eine Führungskraft beim Zieldialog achten sollte

1. Erarbeiten Sie Mitarbeiterziele grundsätzlich gemeinsam mit dem Mitarbeiter.
2. Berücksichtigen Sie beim Erarbeiten persönliche Neigungen, Interessen und Stärken des Mitarbeiters.
3. Fragen Sie den Mitarbeiter, worin in nächster Zeit sein Beitrag zur Umsetzung der Unternehmensziele bestehen könnte.
4. Lassen Sie sich vom Mitarbeiter seine beruflichen Entwicklungsziele nennen und halten Sie diese zunächst skizzenhaft fest, denn hierin liegen die wirksamsten Anknüpfungspunkte.

5. Erläutern Sie dem Mitarbeiter nun, worin Sie selbst mögliche Zielsetzungen für ihn sehen, und begründen Sie dies. Machen Sie die Top-down-Ableitung für ihn transparent und erläutern Sie auf dem Weg bottom-up, welche positiven Auswirkungen die Zielerreichung für das Unternehmen haben kann.
6. Überprüfen Sie gemeinsam mit dem Mitarbeiter, in welchen Punkten Sie bezüglich der Zielvorstellungen übereinstimmen und in welchen Punkten es Abweichungen gibt.
7. Halten Sie sofort die Übereinstimmungen als Ziele fest.
8. Bearbeiten Sie nun die Abweichungen. Analysieren Sie:
   - Welche möglichen Zielsetzungen sind für den Mitarbeiter noch vorstellbar, welche hat er einfach nicht gesehen?
   - Mit welchen kann er sich aus welchen Gründen nicht einverstanden erklären? Worin liegen die Hindernisse?
   - Wie müssten diese Zielsetzungen verändert werden, damit sie akzeptabel sind? Welche Veränderungen sind realistisch?
   - Welchen Nutzen könnte der Mitarbeiter hinsichtlich der eigenen Entwicklung aus der Zielerreichung ziehen, wenn er sich diesen Herausforderungen stellt?
9. Halten Sie nun fest, welche Zielsetzungen sich nach der Analyse ergeben haben und mit welchen Veränderungen hinsichtlich der Rahmenbedingungen, Voraussetzungen, Kompetenzen, Organisation etc. sie verbunden sind.
10. Halten Sie die Mitarbeiterziele für beide Seiten, Führungskraft und Mitarbeiter, in schriftlicher Form fest. Stellen Sie dabei die Verknüpfung der Unternehmensziele mit den Mitarbeiterzielen besonders heraus.

Was muss bei der Zielformulierung beachtet werden?

Gut formulierte Ziele

Um die Effektivität des Instruments Zielvereinbarung sicherzustellen, sollte die Führungskraft der Zielformulierung besonderes Augenmerk schenken.

Setzen Sie realisierbare Ziele

Realistisch bedeutet in diesem Zusammenhang, dass ein Ziel unter Berücksichtigung aller aktuellen Erkenntnisse und Begebenheiten und Erfordernisse erreichbar erscheint. Nur realistische Ziele können motivieren. Oft setzten Führungskräfte unrealistische Ziele, weil sie denken, dass diese den Mitarbeiter zu Höchstleistungen anspornen könnten, diese regelrecht über sich hinauswachsen würden. Diese Vorgesetzten sind dann verwundert, wenn sie das Gegenteil erreichen.

Wenn die gesetzten Ziele unrealistisch erscheinen, sind die Mitarbeiter frustriert. Da sie die gesetzten Ziele nicht erreichen können, streben sie auch nicht motiviert die Erreichung des gesetzten Ziels an. Im Gegenteil: Sie geben auf, sobald sie zu der Erkenntnis kommen, dass das Vorhaben ohnehin nicht umsetzen können.

Unrealistische Ziele frustrieren

Achten Sie auf die Angemessenheit der zu setzenden Ziele

Mit der Formulierung angemessener Ziele haben viele Führungskräfte Schwierigkeiten. Es ist nicht einfach, zu ermessen, wann ein Ziel anspruchsvoll ist und wann es den Mitarbeiter überfordert.

Kienbaum Expertentipp: Leistungseinschätzung hilft

In diesem Zusammenhang wird noch einmal deutlich, wie wichtig es ist, dass sowohl die Führungskraft als auch der Mitarbeiter eine Leistungseinschätzung abgeben. Erst wenn beide Seiten ihre Einschätzungen abgeglichen und Vereinbarungen getroffen haben, lassen sich realistische, anspruchsvolle Ziele eruieren.

Hier kommt die „Reife“ des Mitarbeiters wieder ins Spiel (s. Seite 28). An „reife“ Mitarbeiter, die über ausgezeichnete Fachkenntnisse verfügen und sehr engagiert sind, können im Allgemeinen höhere Ansprüche gestellt werden als an Mitarbeiter, denen es daran mangelt.

Reifegrad des Mitarbeiters entscheidet über angemessene Ziele

Die Führungskraft muss auch die Persönlichkeit des Mitarbeiters besonders beachten. Oft steckt sie einem kompetenten Mitarbeiter anspruchsvolle Ziele, die dieser aufgrund seiner selbstkritischen Persönlichkeit für unerreichbar hält. In jedem Fall ist es wichtig, eine Vereinbarung im Sinne einer Übereinkunft anstreben, um die Motivation des Mitarbeiters nicht zu gefährden.

Ziele müssen messbar sein

Damit Ziele messbar sind, werden ihnen Kriterien zugeordnet, mit deren Hilfe sich der Grad der Zielerreichung messen lässt. Bei quantitativen Zielen ist das relativ leicht mit entsprechend hinterlegten Zahlen möglich. Schwieriger wird es jedoch bei qualitativen, „weichen" Zielen, z. B. bei persönlichen Entwicklungszielen. Da diese nicht direkt messbar sind, muss sich die Führungskraft überlegen, wie sich das Ergebnis indirekt messen lässt.

Beispiel: Messbarkeit weicher Ziele

Mitarbeiter Matthias Kuhn soll lernen, mit Excel besser umzugehen. In der Zielvereinbarung legt sein Vorgesetzter nicht nur fest, dass Kuhn ein Seminar zu besuchen hat. Er fixiert auch, wie der Lernerfolg gemessen werden kann. Hier liegt aber das Problem: Wie lässt sich überprüfen, ob Matthias Kuhn das Programm danach tatsächlich beherrscht? Die Antwort lautet: Er muss nach dem Seminar seine neuerworbenen Kenntnisse bei einem Projekt oder einer Aufgabe anwenden.

Überprüfung weicher Ziele

In diesem Fall ist die Lösung noch recht einfach, aber wie lässt sich das Problem lösen, wenn der Mitarbeiter ein Seminar zum Thema Konfliktmanagement besuchen soll? Damit Aufwand und Nutzen in einem angemessenen Verhältnis stehen, fordert die Führungskraft ihn in diesem Fall z. B. auf, vor anderen Teammitgliedern kurz über die Inhalte des Trainingsbesuchs zu referieren. Auch bei dem Besuch von fachlichen Weiterbildungsveranstaltungen bietet sich dieses Vorgehen an. So überprüft die Führungskraft dabei nicht nur das Wissen des Mitarbeiters, sondern betreibt auch Knowledge-Management. Die anderen Mitarbeiter lernen dazu und wissen, wen sie bei entsprechenden Problemen in Zukunft ansprechen können.

Ist die Zielerreichung durch den Mitarbeiter beeinflussbar?

Nicht beeinflussbare Ziele verhindern die positiven Effekte

Es ist wichtig, nur Ziele zu vereinbaren, die der Mitarbeiter auch direkt beeinflussen kann. Ziele, die durch den Mitarbeiter nicht beeinflusst werden können, sind im engeren Sinne keine Ziele, da das aktive Anstreben der Zielerreichung eben keinen Einfluss auf das Ergebnis haben wird. Alle positiven Effekte, die durch Zielvereinbarungssysteme entstehen können, kommen bei nicht beeinflussbaren Zielen nicht zum Zuge.

Achten Sie auf Eindeutigkeit

Neben der Messbarkeit von Zielen sollte die Führungskraft auf die Eindeutigkeit der Zielformulierung achten – das heißt, auch die

Rahmenbedingungen gehören in die Zielvereinbarung. Bei der Zielformulierung sollte sie so konkret wie möglich vorgehen und alle Voraussetzungen konkret beschreiben. Hierfür sind folgende Fragen hilfreich:

Fragen zur Zielformulierung

- In welcher Zeit soll der Mitarbeiter das Ziel erreichen?
- In welchem Segment soll das Ziel erreicht werden?
- Gibt es bestimmte Voraussetzungen, die gegeben sein müssen, damit das Ziel erreichbar ist (z. B. eine Bewilligung des Projekts durch die Unternehmensleitung)?
- Welche Ressourcen stehen hierzu zur Verfügung? Gibt es z. B. ein Budget?
- Welche anderen Personen, Abteilungen, Projekte sind gegebenenfalls involviert und müssen entsprechend informiert und einbezogen werden?

Beispiel: Eindeutigkeit von Zielen

Das Ziel des Mitarbeiters Drossel lautet: „Die Verkaufszahlen sollen um 10 Prozent gesteigert werden." Zwar ist dieses Ziel messbar, der Eindeutigkeit halber formuliert die Führungskraft auch die Rahmenbedingungen aus: in welcher Zeit, in welchem Segment, gegebenenfalls unter welchen Voraussetzungen?

Heraus kommt die Formulierung: „Die Verkaufszahlen sollen bis Ende dieses Geschäftsjahrs im Segment XY um 10 Prozent gesteigert werden."

Unklare Ziele verhindern Transparenz der Leistung

Ist ein Ziel unklar formuliert, können sich die Beteiligten über die Erreichung im wahrsten Sinne des Wortes streiten. Der eigentliche Zweck, nämlich Leistung transparent zu machen, wird dann unmöglich.

Aber warum formulieren viele Führungskräfte die Ziele ihrer Mitarbeiter dennoch oft unpräzise? Mancher möchte mit diesem Vorgehen wohl Misserfolge vermeiden: „Damit wir das gesteckte Ziel auf jeden Fall erreichen, sollte ich es so schwammig wie möglich formulieren. Damit kann ich gewährleisten, dass mein Mitarbeiter seine Ziele immer zu hundert Prozent erreicht – ... das kriegen wir dann schon gedreht. Damit motiviere ich meinen Mitarbeiter und auch ich als Führungskraft stehe in einem positiven Licht, weil mein Team die gesetzten Ziele aufgrund meiner hervorragenden Führungsqualitäten immer erreicht. So wird für alle das Leben leichter." – so der Gedankengang dahinter.

Unklare Zielformulierung erschwert die Zusammenarbeit

In Wirklichkeit erschweren unklare Zielformulierungen die Zusammenarbeit. Der Mitarbeiter fragt sich nämlich jedes Jahr aufs Neue, warum überhaupt Ziele vereinbart werden. Er kann seine Leistung nicht einschätzen und erhält weder Anerkennung noch Förderung. Möglicherweise nimmt er sogar an, seine Führungskraft habe kein Vertrauen in seine Fähigkeiten. Die Folge ist Demotivation. Aber auch die Führungskraft wird sich nicht lange an der „Ergebniserreichung" freuen. Zum einen hängen auch ihre eigenen Ziele von der Zielerfüllung der Mitarbeiter ab, zum anderen spürt sie recht bald deren Demotivation.

Unkonkrete Zielformulierung	Konkrete Zielformulierung
• Steigerung der Verkaufszahlen	• Steigerung der Verkaufszahlen in der Region West um 10 Prozent bis Jahresende
• Qualitätssteigerung im Recruitingprozess	• Verkürzung des Recruitingprozesses von Bewerbungseingang bis zur Durchführung des Assessment-Centers von durchschnittlich sechs Wochen auf maximal fünf Wochen
• Steigerung der Personalkapazität	• Einstellung eines Marketingleiters bis kommenden Herbst

Der Beitrag zum Unternehmensziel muss klar sein

Ableitung von Mitarbeiterzielen aus Unternehmenszielen

Die individuellen Ziele des Mitarbeiters müssen mit übergeordneten Gruppen-, Bereichs- und Unternehmenszielen verbunden sein (s. Seite 163). Damit der Arbeitnehmer erkennen kann, welchen Beitrag er leistet und welchen Einfluss er auf das große Ganze hat, muss sein Vorgesetzter ihm die Zielzusammenhänge erklären. Ziele, die im Team, im Bereich und auf Unternehmensebene formuliert werden, sollten immer aufeinander abgestimmt sein. Dies bedeutet auch, dass die Führungskraft mit dem Mitarbeiter keine Ziele zuungunsten anderer im Team vereinbaren darf. Schließlich ziehen „alle am gleichen Strang", was unternehmerisches Denken, Loyalität und Commitment positiv beeinflusst.

Kienbaum Expertentipp: Die Smart-Pure-Clear-Formel

Grundsätzlich lässt sich sagen, dass gute Ziele nach der sogenannten Smart-Pure-Clear-Formel formuliert sind:

Specific	spezifisch
Measurable	messbar
Attainable	erreichbar
Realistic	realistisch
Time phased	zeitlich untergliedert
Positively stated	positiv formuliert
Understood	verstanden
Relevant	relevant
Ethical	moralisch
Challenging	herausfordernd
Legal	rechtmäßig
Environmental sound	umweltverträglich
Agreed	akzeptiert
Recorded	protokolliert

Die häufigsten Fehler bei der Zielvereinbarung

Woran Zielvereinbarungen oft scheitern

Die meisten Fehler werden bei der gemeinsamen Festlegung der Ziele gemacht.

- Ziele sind zu kompliziert, d. h. nicht nachvollziehbar,
- Ziele sind zu anspruchsvoll, d. h. unrealistisch und nicht angemessen,
- Ziele sind zu einfach zu erreichen, d. h. nicht anspruchsvoll,
- es steht zu viel Zeit zur Erfüllung der Ziele zur Verfügung,
- es steht zu wenig Zeit zur Verfügung,
- das Ergebnis ist nicht messbar, d. h. nicht nachvollziehbar,
- der Aufwand für die Messung der Zielerreichung ist zu hoch.

Wie stellen Sie sicher, dass Ziele erreicht werden können?

Führungskraft muss über den Stand der Zielerreichung informiert sein

Es ist die Aufgabe einer Führungskraft, die idealen Rahmenbedingungen für die Zielerreichung zu schaffen. Der erste Schritt besteht darin, die oben genannten Fehler bei der Zielvereinbarung zu vermeiden. Darüber hinaus muss sie während des Prozesses immer wieder ihre Unterstützung anbieten. Sie sollte über den Stand der Zielerreichung informiert sein, um gegebenenfalls eingreifen zu können.

Es hat sich bewährt, schon während des Zielvereinbarungsgesprächs Termine für Zwischenchecks zu vereinbaren. Bei manchen Unternehmen ist ein sogenanntes Zwischengespräch institutionalisiert, bei dem der Erreichungsgrad je Ziel sowie Fragen und Probleme besprochen werden können. So vergessen Vorgesetzte die Zwischenchecks im hektischen Berufsalltag nicht oder schieben sie ständig auf. Außerdem verdeutlicht ein solcher Termin die Verantwortung der Führungskraft als unterstützende Kraft bei der Zielerreichung.

Kienbaum Kompetenztest: Gut formulierte Ziele

Formulieren Sie zur Übung Ziele für einen Ihrer Mitarbeiter.

- Überprüfen Sie anschließend, inwieweit Sie die Ziele „richtig" formuliert haben, indem Sie Ihre Formulierungen mit den in diesem Kapitel aufgeführten Kriterien abgleichen.
- Passen Sie Ihre Formulierungen – wo notwendig – entsprechend der Kriterien an.
- Testen Sie – wenn möglich – die vorformulierten Ziele, indem Sie diese als Grundlage zur nächsten Zielvereinbarung mit Ihrem Mitarbeiter verwenden und sich auch von diesem Feedback (z. B. zur Einschätzung der Erreichbarkeit) einholen.
- Überprüfen Sie, inwieweit Sie dazu tendieren, bestimmte Kriterien immer wieder bei der Zielvereinbarung unberücksichtigt zu lassen. Rufen Sie sich der nächsten Zielformulierung insbesondere diese Kriterien wieder ins Gedächtnis, um sie entsprechend zu beachten.

Wie gehen Sie vor, wenn Ziele angepasst werden müssen?

Manchmal stellen Führungskräfte im Prozess zwischen Zielvereinbarung und Überprüfung der Erreichung fest, dass Sie ein Ziel des Mitarbeiters anpassen sollten. Ursache hierfür ist immer eine unvorhergesehene Veränderung der Voraussetzungen bzw. Rahmenbedingungen. Es kann z. B. passieren, dass das Unternehmen in schwierigen Zeiten geplante, übergreifende Projekte aussetzen muss, um stattdessen an akuten Problemstellungen zu arbeiten. Oder es zieht zeitlich aufwendige, dringende Projekte und Aufgaben vor. Insbesondere in wirtschaftlich angespannten Zeiten, in denen die Personalressourcen immer knapper, die zu erledigende Arbeit jedoch mehr wird, muss eine Führungskraft mit solchen Zielkonflikten fertig werden.

Vorgesetzter muss seinen Mitarbeiter informieren

Wie geht ein Vorgesetzter vor, wenn er festgestellt hat, dass ein Ziel seine Gültigkeit verloren hat? Zunächst einmal muss er den Mitarbeiter darüber informieren, dass und warum es zu einem Zielkonflikt gekommen ist, und ihn bitten, nicht weiter an der Zielerreichung zu arbeiten. Es ist sinnvoll, einen Gesprächstermin zu vereinbaren, in dem beide in Ruhe über die veränderte Zielsetzung sprechen können.

Ziel kann nicht einfach gestrichen werden

Ist eine Anpassung möglich?

In einem nächsten Schritt gilt es, zu überlegen, ob und wie eine Anpassung möglich ist. Insbesondere, wenn die Zielerreichung auch mit einer Zusatzvergütung für den Mitarbeiter verbunden ist, kann das Ziel nicht einfach ersatzlos gestrichen werden. Die Führungskraft muss erst einmal feststellen, wie weit der Erreichungsgrad des Ziels schon fortgeschritten ist. Im gemeinsamen Gespräch wird festgehalten, wie hoch der Zielerreichungsgrad zu diesem Zeitpunkt ist und wie dies vergütet werden kann. Erst dann sollten Führungskraft und Mitarbeiter, abhängig davon, wie viel Zeit noch bis zum festgelegten Zielerreichungsgespräch verbleibt, ein Ersatzziel vereinbaren.

Kienbaum Expertentipp: Zielanpassung

Die Anpassung eines Ziels muss immer eine Ausnahme bleiben. Daher sollten Sie auch schon bei der Zielvereinbarung darauf achten, dass Sie Ziele vereinbaren, deren Voraussetzungen sich aller Wahrscheinlichkeit nach im Erfüllungszeitraum nicht mehr verändern.

Ausgewählte Literatur

Malik, Fredmund: Führen, leisten, leben. Wirksames Management für eine neue Zeit. Frankfurt: Campus 2006.

Das Buch enthält das wesentliche Rüstzeug für Führungskräfte. Es stellt auf pragmatische und anschauliche Art und Weise dar, welche wesentlichen Aufgaben ein Manager hat, und räumt mit Irrlehren und Missverständnissen auf. Dabei fokussiert es sich auf das, worum es im Management „wirklich geht".

Sprenger, Reinhard K.: Das Prinzip Selbstverantwortung. Wege zur Motivation. Frankfurt: Campus 1995.

Reinhard Sprenger ruft zu Initiative und Eigenverantwortlichkeit auf. Das Buch ist eine Kampfansage an die in den Köpfen vieler Mitarbeiter und Führungskräfte enthaltene Opferrolle, die davon ablenkt, wie viele Gestaltungsmöglichkeiten jeder Einzelne besitzt. Sprenger ruft zur persönlichen Verantwortung für die eigene Entscheidung auf, hierbei lautet ein markiger Leitspruch: „Do as you want – and pay for it".

Suter, Martin: Business Class. Geschichte aus der Welt des Managements. Zürich: Diogenes 2002.

Da die Fiktion bisweilen mehr über die Realität enthüllt, als es ein Sachbuch kann, sei auch zu diesem renommierten Schweizer Autoren geraten. Martin Suter gelingt es in seinen jeweils nur zweiseitigen Kurzgeschichten, Führung und Management in ihrem Kern zu enthüllen. Er zeigt dabei viel Sympathie für seine Charaktere, geht aber deren Schwächen und unformulierten Bedürfnissen mit einer unvergleichlichen Präzision nach. Das Ende der Geschichten löst jedes Mal einen Aha-Effekt aus.

Niermeyer, Rainer: Coaching. Ziele setzen, Selbstvertrauen stärken, Erfolge kontrollieren. München: Haufe 2007.

Das Buch stellt die wichtigsten Coachingtechniken anschaulich dar. Ziel ist, die Führungskraft bzw. den Coach in die Lage zu versetzen, seinen Mitarbeiter auf Grundlage eines differenzierten Handwerkszeugs auf eine neue Leistungsebene zu führen.

Niermeyer, Rainer: Motivation. Instrumente zur Führung und Verführung. München: Haufe 2007.

In diesem Buch finden Sie die Antwort auf die Frage, wie Sie Ihre Mitarbeiter zu noch mehr Selbstmotivation führen können. Anhand verschiedener Kompetenztests und Expertentipps können Sie Ihre Fähigkeiten in diesem Bereich selbst hinterfragen. Sie erhalten anschauliche Aktionspläne, um Ihre eigene Entwicklung voranzutreiben und sich selbst sowie andere zu motivieren.

Niermeyer, Rainer: Soft Skills. Das Kienbaum Trainingsprogramm. München: Haufe 2006.

Der Band „Soft Skills“ erklärt auf praktische Art, wie der Einzelne seine persönlichen und kommunikativen Fähigkeiten entwickeln kann. Ziel ist es, Gewinn bringende Beziehungen zu Mitarbeitern, Geschäftspartnern und Kunden aufzubauen. Ein individuelles Trainingsprogramm zur Verbesserung der Soft Skills trägt dazu bei, die Kernkompetenzen des Einzelnen nachhaltig zu optimieren. Dabei werden Soft Skills verstanden als ein notwendiges Spektrum an Fähigkeiten, das dazu dienen soll, „harte Ziele“ zu erreichen.

Formulare und Arbeitsmittel

Für Ihre tägliche Arbeit haben wir Ihnen einige Formulare vorbereitet, mit denen Sie Ihre Führungsaufgaben einfacher bewältigen können:

- Meeting Agenda
- Meeting Protokoll
- Brainwriting-Formular
- Anforderungsprofil
- Kienbaum Leitfaden zum Zielvereinbarungsgespräch
- Kienbaum Leitfaden zu Mitarbeiterbeurteilungen
- Vertrag mit sich selbst

So gehen Sie vor: Vergrößern von DIN A5 auf DIN A4

Stellen Sie auf Ihrem Kopierer die Funktion „Vergrößern“ und dann „von A5 auf A4“ oder „um 141%“ ein, um die Vorlagen auf das Format DIN A4-Format zu kopieren.

Meeting Agenda

Thema		
Datum	Zeit	Ort

Teil- nehmer	
Kopie an	

Priorität			Thema	Ziel	Vortragender	Zeit (Min.)
A	B	C				

Niermeyer/Postall: Führen, Haufe Verlag, Seite 73

Meeting Protokoll

Protokoll			
Projektname:		Projektnummer:	
Ort und Datum:		Verfasser:	
Teilnehmer:			
Verteiler/Teilnehmer:			
Thematik: A=Auftrag, B=Beschluss E=Empfehlung, T=Termin, I=Information			

Nr./TOP:	Thematik	zuständig:	Ergebnis:	Erledigungs-vermerk:

Brainwriting-Formular

Teilnehmer	Lösungsansatz 1	Lösungsansatz 2	Lösungsansatz 3

 Niermeyer/Postall: Führen, Haufe Verlag, Seite 77

Anforderungsprofil

	1	2	3	4	5	6	7
Problemlöseverhalten							
Analyse	○	○	○	○	○	○	○
Konzept- und Entscheidungsqualität	○	○	○	○	○	○	○
Innovation	○	○	○	○	○	○	○
Handlungs- und Umsetzungsvermögen	○	○	○	○	○	○	○
Führungskompetenz							
Motivation	○	○	○	○	○	○	○
Konfliktmanagement	○	○	○	○	○	○	○
Überzeugungskraft	○	○	○	○	○	○	○
Delegation	○	○	○	○	○	○	○
Kooperation und Integration	○	○	○	○	○	○	○
Managementkompetenz							
Unternehmerisches Denken	○	○	○	○	○	○	○
Strategiekompetenz	○	○	○	○	○	○	○
Wertmanagement	○	○	○	○	○	○	○
Erfahrungsmanagement	○	○	○	○	○	○	○
Internationalität	○	○	○	○	○	○	○
Motivationsstruktur							
Leistungsmotivation	○	○	○	○	○	○	○
Dynamik	○	○	○	○	○	○	○
Lern- und Veränderungsbereitschaft	○	○	○	○	○	○	○
Offenheit	○	○	○	○	○	○	○
Verantwortungsbewusstsein	○	○	○	○	○	○	○

Niermeyer/Postall: Führen, Haufe Verlag, Seite 103

Kienbaum Leitfaden zum Zielvereinbarungsgespräch

1. Gesprächsvorbereitung

Vorbereitende Überlegungen	
Zeit	
Ort	
Informationen für den Gesprächspartner: Was?	
Wer ist mein Gesprächspartner?	
Wie stehe ich zu meinem Gesprächspartner?	
Welche Gesprächsschwerpunkte möchte ich setzen?	
Welche Ziele möchte ich vereinbaren?	

 Niermeyer/Postall: Führen, Haufe Verlag, Seite 165ff.

2. Begrüßung

Gesprächseinstieg
Sitzordnung und Atmosphäre (konfrontative Sitzordnung vermeiden, angenehme Atmosphäre erzeugen, ungestörter Ort, Telefone sind umgestellt, den Mitarbeiter beim Namen begrüßen, Einstieg mit einem Thema, dass den Mitarbeiter persönlich betrifft)
Anlass und Ziele klären (Das Gespräch dient der Einbeziehung der Mitarbeiter in die gemeinsame Zielvereinbarung. Diese dient nicht der Mitarbeiterauswahl und wird nicht zur Begründung arbeitsrechtlicher Maßnahmen herangezogen.)
Zeitdauer ansprechen
Inhalte darstellen
Vorgehensweise/Gliederung des Gesprächs vorschlagen
Gewünschtes Ergebnis darstellen

3. Beurteilungsphase

1. Schritt: Rückblick auf Ziele der vergangenen Periode

Ziele/Strategien	Es sollte erreicht werden, dass:
quantitative Ziele	

Ziele/Strategien	Es sollte erreicht werden, dass:
qualitative Ziele	

Niermeyer/Postall: Führen, Haufe Verlag, Seite 165ff.

2. Schritt: Einschätzung der Zielerreichung der vergangenen Periode durch den Mitarbeiter

Welche Ziele haben Sie Ihrer Meinung nach erreicht?

Welche Ziel haben Sie Ihrer Meinung nach nicht erreicht? (Begründung)

Was war bezüglich der verschiedenen Zielstellungen förderlich?

Was war bezüglich der verschiedenen Zielstellungen hinderlich?

Kienbaum Leitfaden zum Zielvereinbarungsgespräch

3. Schritt: Beurteilung der Zielerreichung der vergangenen Periode durch den Vorgesetzten (quantitative Ziele)

quantitative Ziele				
Ziel 1:	Messkriterien zur Zielerreichung:			
	Beurteilung der Zielerreichung:			
	nicht oder nur gering erreicht ○	teilweise erreicht ○	weitgehend erreicht ○	voll erreicht ○
Veränderungs-notwendigkeit:	Begründung:		Ursachen bei Problemen:	

Ziel 2:	Messkriterien zur Zielerreichung:			
	Beurteilung der Zielerreichung:			
	nicht oder nur gering erreicht ○	teilweise erreicht ○	weitgehend erreicht ○	Voll erreicht ○
Veränderungs-notwendigkeit:	Begründung:		Ursachen bei Problemen:	

Ziel 3:	Messkriterien zur Zielerreichung:			
	Beurteilung der Zielerreichung:			
	nicht oder nur gering erreicht ○	teilweise erreicht ○	weitgehend erreicht ○	voll erreicht ○
Veränderungs-notwendigkeit:	Begründung:		Ursachen bei Problemen:	

4. Schritt: Beurteilung der Zielerreichung der vergangenen Periode durch den Vorgesetzten (qualitative Ziele)

quantitative Ziele

Ziel 1:	Messkriterien zur Zielerreichung:			
	Beurteilung der Zielerreichung:			
	nicht oder nur gering erreicht ○	teilweise erreicht ○	weitgehend erreicht ○	voll erreicht ○
Veränderungs-notwendigkeit:	Begründung:		Ursachen bei Problemen:	

Ziel 2:	Messkriterien zur Zielerreichung:			
	Beurteilung der Zielerreichung:			
	nicht oder nur gering erreicht ○	teilweise erreicht ○	weitgehend erreicht ○	Voll erreicht ○
Veränderungs-notwendigkeit:	Begründung:		Ursachen bei Problemen:	

Ziel 3:	Messkriterien zur Zielerreichung:			
	Beurteilung der Zielerreichung:			
	nicht oder nur gering erreicht ○	teilweise erreicht ○	weitgehend erreicht ○	voll erreicht ○
Veränderungs-notwendigkeit:	Begründung:		Ursachen bei Problemen:	

4. Zielsetzung des Unternehmens

Erörterung der Zielsetzung des Unternehmens

Aktuelle Unternehmensentwicklungen darstellen

Strategien und Ziele verdeutlichen

Akzeptanz für Strategien und Ziele schaffen

Daraus abgeleitet: Zielsetzungen des Bereichs in der nächsten Periode

Raum für Rückfragen des Mitarbeiters einplanen

Niermeyer/Postall: Führen, Haufe Verlag, Seite 165ff.

5. Zielvereinbarungsphase I: Arbeitsziele

gemeinsame Vereinbarung der Arbeitsziele für die folgende Periode – Vorgehen:

- Mitarbeiter beschreibt seinen Beitrag zur Erreichung der Bereichsziele und definiert eigene Ziele
- Führungskraft benennt Ziele, deren Erreichung er vom Mitarbeiter wünscht
- Gemeinsame Gewichtung und Entscheidung unter Einbeziehung der Unternehmenssicht

Ziele/Strategien	Es soll erreicht werden, dass:
quantitative Ziele	

Ziele/Strategien	Es soll erreicht werden, dass:
qualitative Ziele	

- Priorisierung und Präzisierung der einzelnen Ziele, Festlegung von Rahmenbedingungen, Zeitraum und Messkriterien (quantitative Ziele)

quantitative Ziele	
Ziel 1	Messkriterien zur Zielerreichung:
	Rahmenbedingungen und Zeitraum:

Ziel 2	Messkriterien zur Zielerreichung:
	Rahmenbedingungen und Zeitraum:

Ziel 3	Messkriterien zur Zielerreichung:
	Rahmenbedingungen und Zeitraum:

- Priorisierung und Präzisierung der einzelnen Ziele, Festlegung von Rahmenbedingungen, Zeitraum und Messkriterien (qualitative Ziele)

qualitative Ziele	
Ziel 1	Messkriterien zur Zielerreichung:
	Rahmenbedingungen und Zeitraum:
Ziel 2	Messkriterien zur Zielerreichung:
	Rahmenbedingungen und Zeitraum:
Ziel 3	Messkriterien zur Zielerreichung:
	Rahmenbedingungen und Zeitraum:

6. Zielvereinbarungsphase II: persönliche Entwicklungsziele

gemeinsame Vereinbarung der persönlichen Entwicklungsziele (max. 3) – Vorgehen:

- Mitarbeiter beschreibt, welche Fähigkeiten und Kompetenzen er erweitern will, und schlägt Maßnahmen vor
- Führungskraft benennt ihre Vorstellungen von Entwicklungsmöglichkeiten und Perspektiven des Mitarbeiters vor dem Hintergrund der definierten Arbeitsziele
- Gemeinsame Definition und Priorisierung individueller Entwicklungsziele
- Nach Einigung: Art, Zeitraum und Details der Fördermaßnahme

Zu optimierende Kompetenz:
Was ist das Ziel/was soll verbessert werden?
Begründung:
Messkriterium/wann ist das Ziel erreicht?

Um diese Ziele zu erreichen, sollten folgende Verhaltensweisen des Mitarbeiters
... beibehalten werden
... reduziert werden
... intensiviert werden

Es würde mir helfen, wenn mein Vorgesetzter/meine Vorgesetzte folgende Verhaltensweisen
... beibehalten würde
... reduzieren würde
... intensivieren würde

Niermeyer/Postall: Führen, Haufe Verlag, Seite 165ff.

7. Zusammenfassung der Ergebnisse und positiver Abschluss

Definierte Ziele, gewünschte Unterstützungsmaßnahmen bei der Weiterentwicklung, Wünsche und Vorstellungen

Vorstellungen/Ziele zur beruflichen Entwicklung aus Sicht des Mitarbeiters:

Vorstellungen/Ziele zur beruflichen Entwicklung aus Sicht des Vorgesetzten:

Datum des Folgegesprächs: ______________________________

Kienbaum Leitfaden zu Mitarbeiterbeurteilungen

Einführung

Die Mitarbeiterbeurteilung ist ein Instrument zur Unterstützung eines regelmäßigen Dialogs zwischen dem Mitarbeiter und seinem Vorgesetzten. Es handelt sich dabei nicht um ein reines Beurteilungssystem, vielmehr steht der Feedbackcharakter im Vordergrund.

Der Mitarbeiter wird durch das Mitarbeitergespräch motiviert, da Grundlagen für die Erreichung der Ziele besprochen werden, zudem wird dem Wunsch des Mitarbeiters nach Rückmeldung über seine bisherige Erfüllung der Aufgaben Rechnung getragen. Dadurch wird der Mitarbeiter in seiner Leistung bestätigt, zum Beibehalten seiner Stärken oder zur Optimierung seines Verhaltens ermutigt. Es entsteht eine positive Feedbackkultur, die der Mitarbeiter als Chance für seine Weiterentwicklung nutzen kann.

Wichtiger als die Beurteilung der Vergangenheit ist das Verabreden von Maßnahmen zur Förderung der Leistung und zur Entwicklung des Mitarbeiters. Dadurch erhält der Mitarbeiter die Gewissheit, dass er sowohl auf seine zukünftigen Aufgaben gut vorbereitet ist als auch sein Vorgesetzter und das Unternehmen ihn auf diesem Weg unterstützen. Sein aktuelles Leistungsspektrum wird systematisch betrachtet: Individuelle Stärken werden erkannt, Steigerungsmöglichkeiten können systematisch angegangen werden. Somit können aus dem geführten Gespräch Ansatzpunkte für eine individuelle, zielgerichtete Personalentwicklung abgeleitet werden.

Niermeyer/Postall: Führen, Haufe Verlag, Seite 95ff.

Leitfaden

Name, Vorname:	
Geburtstag:	Titel:
Abteilung:	Position:

Tätig bei der	**seit:**
Tätig in der jetzigen Position seit:	
Zeitpunkt der letzten Beurteilung:	
Vorgesetzter:	

Beurteilungsgrund:	
❍ Regelbeurteilung	❍ routinemäßige Anforderung
❍ Ablauf der Probezeit:	
❍ Sonstiges:	
Beurteilungszeitraum:	

Aufgaben und Tätigkeitsschwerpunkte:
Die folgende Beurteilung bezieht sich auf folgende Aufgaben und Tätigkeitsschwerpunkte (die einzelnen Aufgaben und Schwerpunkte detailliert aufführen):

Qualitative Zielerreichung im Beurteilungszeitraum
Zielbeschreibung:
Erreichungsgrad:
Zeitraum der Realisierung:

Arbeits- und Leistungsverhalten

Belastbarkeit

Behält die Übersicht in Stresssituationen
Verhält sich auch in Stresssituationen konstruktiv
Ist auch in Stresssituationen sorgfältig
Ist fähig in mehreren Projekten gleichzeitig zu handeln
Passt sich schnell an veränderte Rahmenbedingungen an
Übernimmt neue, komplizierte und ungeplante Tätigkeiten
Kann sich auf chaotische Zustände einstellen

Fremdeinschätzung des Vorgesetzten

Die erbrachte Leistung liegt/entspricht

immer unter	teilweise unter	im Wesentlichen	im vollen Umfang	häufig über	immer über
○	○	○	○	○	○

... den Anforderungen

Begründung:

Selbsteinschätzung des Mitarbeiters

Die erbrachte Leistung liegt/entspricht

immer unter	teilweise unter	im Wesentlichen	im vollen Umfang	häufig über	immer über
○	○	○	○	○	○

... den Anforderungen

Begründung:

Niermeyer/Postall: Führen, Haufe Verlag, Seite 95ff.

Eigenmotivation
Rückschläge und Negativerlebnisse werden leicht überwunden
Leistet mehr als gefordert
Setzt sich selbst ehrgeizige, hohe Ziele
Zeigt Bereitschaft zu Mehrarbeit

Fremdeinschätzung des Vorgesetzten

Die erbrachte Leistung liegt/entspricht

immer unter	teilweise unter	im Wesentlichen	im vollen Umfang	häufig über	immer über
○	○	○	○	○	○

... den Anforderungen

Begründung:

Selbsteinschätzung des Mitarbeiters

Die erbrachte Leistung liegt/entspricht

immer unter	teilweise unter	im Wesentlichen	im vollen Umfang	häufig über	immer über
○	○	○	○	○	○

... den Anforderungen

Begründung:

Eigeninitiative
Sucht selbstständig nach Lösungen
Wartet nicht auf Anweisungen
Entwickelt Ideen
Macht Vorschläge
Verbessert Abläufe
Erledigt selbstständig Aufgaben
Bietet sich für neue Aufgaben an

Fremdeinschätzung des Vorgesetzten

Die erbrachte Leistung liegt/entspricht

immer unter	teilweise unter	im Wesentlichen	im vollen Umfang	häufig über	immer über
○	○	○	○	○	○

... den Anforderungen

Begründung:

Selbsteinschätzung des Mitarbeiters

Die erbrachte Leistung liegt/entspricht

immer unter	teilweise unter	im Wesentlichen	im vollen Umfang	häufig über	immer über
○	○	○	○	○	○

... den Anforderungen

Begründung:

 Niermeyer/Postall: Führen, Haufe Verlag, Seite 95ff.

Lernbereitschaft
Zeigt die Bereitschaft, sich mit neuen Dingen zu beschäftigen
Nimmt an Seminaren/Fortbildungen teil
Zeigt auch außerhalb der Firma Weiterbildungsbemühungen

Fremdeinschätzung des Vorgesetzten

Die erbrachte Leistung liegt/entspricht

immer unter	teilweise unter	im Wesentlichen	im vollen Umfang	häufig über	immer über
○	○	○	○	○	○

... den Anforderungen

Begründung:

Selbsteinschätzung des Mitarbeiters

Die erbrachte Leistung liegt/entspricht

immer unter	teilweise unter	im Wesentlichen	im vollen Umfang	häufig über	immer über
○	○	○	○	○	○

... den Anforderungen

Begründung:

Sozialverhalten

Authentizität
Steht für seine Ziele ein
Zeigt glaubwürdiges und verbindliches Verhalten
Verhält sich abwägend und gerecht
„Fels in der Brandung“ – kein „Bäumchen wechsele Dich“
Sucht Fehler nicht nur bei anderen

Fremdeinschätzung des Vorgesetzten

Die erbrachte Leistung liegt/entspricht

immer unter	teilweise unter	im Wesentlichen	im vollen Umfang	häufig über	immer über
○	○	○	○	○	○

... den Anforderungen

Begründung:

Selbsteinschätzung des Mitarbeiters

Die erbrachte Leistung liegt/entspricht

immer unter	teilweise unter	im Wesentlichen	im vollen Umfang	häufig über	immer über
○	○	○	○	○	○

... den Anforderungen

Begründung:

 Niermeyer/Postall: Führen, Haufe Verlag, Seite 95ff.

Auftreten
Trägt der Aufgabenstellung angemessene, korrekte Kleidung
Hat einen adäquaten Umgangston
Stellt sich auf den Gesprächspartner ein
Verhält sich selbstsicher

Fremdeinschätzung des Vorgesetzten

Die erbrachte Leistung liegt/entspricht

immer unter	teilweise unter	im Wesentlichen	im vollen Umfang	häufig über	immer über
○	○	○	○	○	○

... den Anforderungen

Begründung:

Selbsteinschätzung des Mitarbeiters

Die erbrachte Leistung liegt/entspricht

immer unter	teilweise unter	im Wesentlichen	im vollen Umfang	häufig über	immer über
○	○	○	○	○	○

... den Anforderungen

Begründung:

Teamfähigkeit
Zeigt Diskussions-, Argumentations- und Kritikfähigkeit
Lässt sich von guten Argumenten überzeugen
Trägt Gemeinschaftsentscheidungen mit
Unterstützt durch Information und Einsatz zur Erreichung der Teamziele
Arbeitet gerne im Team

Fremdeinschätzung des Vorgesetzten

Die erbrachte Leistung liegt/entspricht

immer unter	teilweise unter	im Wesentlichen	im vollen Umfang	häufig über	immer über
○	○	○	○	○	○

... den Anforderungen

Begründung:

Selbsteinschätzung des Mitarbeiters

Die erbrachte Leistung liegt/entspricht

immer unter	teilweise unter	im Wesentlichen	im vollen Umfang	häufig über	immer über
○	○	○	○	○	○

... den Anforderungen

Begründung:

Niermeyer/Postall: Führen, Haufe Verlag, Seite 95ff.

Kommunikation und Information
Spricht Kollegen an
Teilt Wissen mit
Sammelt Erkenntnisse
Ist gesprächsbereit
Geht mit Informationen verantwortungsbewusst um
Ist offen und freundlich

Fremdeinschätzung des Vorgesetzten

Die erbrachte Leistung liegt/entspricht

immer unter	teilweise unter	im Wesentlichen	im vollen Umfang	häufig über	immer über
○	○	○	○	○	○

... den Anforderungen

Begründung:

Selbsteinschätzung des Mitarbeiters

Die erbrachte Leistung liegt/entspricht

immer unter	teilweise unter	im Wesentlichen	im vollen Umfang	häufig über	immer über
○	○	○	○	○	○

... den Anforderungen

Begründung:

Führungsverhalten

Delegation
Traut Leistungsfähigkeit zu
Erkennt Aufgabenstellungen und Arbeitsumfang
Motiviert durch komplexe Aufgaben ohne zu überfordern
Ist bereit, Arbeiten abzugeben
Überträgt Aufgaben zusammen mit der entsprechenden Entscheidungskompetenz

Fremdeinschätzung des Vorgesetzten

Die erbrachte Leistung liegt/entspricht

immer unter	teilweise unter	im Wesentlichen	im vollen Umfang	häufig über	immer über
○	○	○	○	○	○

... den Anforderungen

Begründung:

Selbsteinschätzung des Mitarbeiters

Die erbrachte Leistung liegt/entspricht

immer unter	teilweise unter	im Wesentlichen	im vollen Umfang	häufig über	immer über
○	○	○	○	○	○

... den Anforderungen

Niermeyer/Postall: Führen, Haufe Verlag, Seite 95ff.

Motivation
Erkennt Leistung an
Gibt Feedback
Übt konstruktive Kritik
Informiert umfassend
Lebt seine Vorbildfunktion
Ist umfassend informiert

Fremdeinschätzung des Vorgesetzten					
Die erbrachte Leistung liegt/entspricht					
immer unter	teilweise unter	im Wesentlichen	im vollen Umfang	häufig über	immer über
○	○	○	○	○	○
					... den Anforderungen
Begründung:					

Selbsteinschätzung des Mitarbeiters					
Die erbrachte Leistung liegt/entspricht					
immer unter	teilweise unter	im Wesentlichen	im vollen Umfang	häufig über	immer über
○	○	○	○	○	○
					... den Anforderungen
Begründung:					

Ergänzungen

Weitere Stärken des Mitarbeiters – z. B. positive minded, besonderes Engagement:

Ergänzende Hinweise des Vorgesetzten:

Ergänzende Hinweise des Mitarbeiters:

Mögliche Personalentwicklungsmaßnahmen:

Datum: ______________________________

Unterschrift des Vorgesetzten: ____________________

Unterschrift des Mitarbeiters: ____________________

Niermeyer/Postall: Führen, Haufe Verlag, Seite 95ff.

Vertrag mit sich selbst

Notizen		
Seminar	**am:**	**in:**
1. Allgemein wichtige Methoden und Ratschläge	2. Wichtige Methoden und Ratschläge für mich	3. Von mir durchzuführende Maßnahmen
4. Auswertung: Wie? Wann? Mit wem Besprochen?	5. Durchgeführt wann?	Ergebnisse, weitere maßnahmen

Niermeyer/Postall: Führen, Haufe Verlag, Seite 130

Stichwortverzeichnis